WIE LERNE ICH CARTOONS ZEICHNEN?

VOM ERSTEN STRICH
BIS ZUM FERTIGEN CARTOON

VON
PETER MADDOCKS

XENOS

ISBN 3-8212-1560-7
DEUTSCHE AUSGABE:

AM HEHSEL 40, 22339 HAMBURG
ÜBERSETZUNG: SUSANNE KREGELOH
SATZ: KCS, BUCHHOLZ/HAMBURG
DIE ENGLISCHE ORIGINALAUSGABE ERSCHIEN
1992 UNTER DEM TITEL »CARTOONING FOR BEGINNERS«
IM VERLAG MICHAEL O'MARA BOOKS LTD., LONDON.

PRINTED IN SLOVAKIA

EHE DU ZUM ZEICHENSTIFT GREIFST UND SELBST LOSLEGST, BLÄTTERST DU DIESES BUCH AM BESTEN ERSTMAL DURCH, UM DIR DIE ZEICHNUNGEN ANZUSEHEN. DU WIRST DABEI VIELES FINDEN, DAS DU ABZEICHNEN ODER DURCHPAUSEN KANNST. SO BEKOMMST DU SCHNELL EIN FEELING DAFÜR, WORAUF ES BEI EINEM CARTOON ANKOMMT.

UND DENK DARAN: NUR ÜBUNG MACHT DEN MEISTER! SOLLTE ES BEIM ERSTEN ANLAUF NICHT GLEICH KLAPPEN...
VERSUCH´S EINFACH NOCH MAL... UND NOCH MAL!

ABGUCKEN ERLAUBT – DABEI KANNST DU EINE MENGE LERNEN.

... ODER PAUS' DURCH... SO KRIEGST DU MEHR SICHERHEIT BEIM ZEICHNEN...

DIESES BILD HAT MEIN SECHSJÄHRIGER ENKEL GEMALT, NACHDEM ER DEN FILM »MOBY DICK« GESEHEN HATTE. OBWOHL DIE ZEICHNUNG KINDLICH UND SEHR EINFACH IST, GIBT SIE DENNOCH DAS WESENTLICHE DER ERZÄHLTEN HANDLUNG WIEDER: KAPITÄN AHAB BEFIEHLT SEINEN LEUTEN, DEN GROSSEN WEISSEN WAL MIT IHREN HARPUNEN ZU JAGEN... EINE GUTE ILLUSTRATION.

WENN DU SO ZEICHNEST –
KEINE SORGE!

BALD KANNST DU
SO ZEICHNEN...

GEH DIESES BUCH EINFACH NUR SEITE FÜR SEITE DURCH, NIMM DEINE ZEICHENSTIFTE UND DEIN ZEICHENPAPIER – UND IM HANDUMDREHEN WIRST DU WIE EIN PROFI ZEICHNEN...

LASS DIR ZEIT UND VERGISS NICHT, AUCH MAL ÜBER DEINE ZEICHNUNGEN ZU LACHEN. BLOSS NICHT ZU VERBISSEN AN DIE SACHE RANGEHEN -- AUCH DAS ZEICHNEN VON COMICS SOLL SPASS MACHEN!

EIN PAAR REGELN SOLLTEST DU DIR TROTZDEM MERKEN.

ALLE ZEICHNUNGEN IN DIESEM BUCH WURDEN MIT EINEM FASERSCHREIBER GEZEICHNET.

OBWOHL DER FASERSTIFT SAUBERER ZEICHNET UND LEICHTER ZU BENUTZEN IST...

...PROBIERE UNBEDINGT EINMAL ZEICHENTUSCHE UND FEDER AUS. AUCH WENN´S KLECKST UND KLECKERT UND DIE HÄNDE DABEI SCHMUTZIG WERDEN – ES MACHT SCHON LAUNE, DAMIT ZU ZEICHNEN!

DU BRAUCHST EINEN BLEISTIFT DER HÄRTE HB

UND EINEN SCHWARZEN FILZSTIFT

AUSSERDEM EIN RADIERGUMMI

UND JEDE MENGE WEISSES PAPIER. SCHREIBMASCHINENPAPIER ODER FOTOKOPIER-PAPIER EIGNET SICH AM BESTEN. DU WIRST DAVON ZIEMLICH VIEL BRAUCHEN.

EIN FLÄSCHCHEN MIT WEISSER KORREKTURFLÜSSIGKEIT, EINE SCHERE UND EINEN KLEBESTIFT KANNST DU AUCH GUT GEBRAUCHEN.

BEIM ZEICHNEN
HÄLTST DU DEN STIFT
AM BESTEN SO...

... NICHT SO...

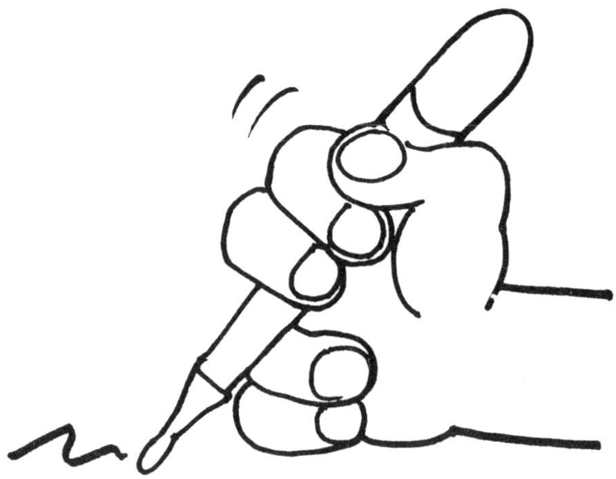

... UND SO
SCHON GAR
NICHT

ZUERST ZEIG´ ICH DIR, WIE DU DAS GESICHT EINER COMIC-FIGUR ZEICHNEST. DU FÄNGST MIT EINEM KREIS AN – DU KANNST DAZU EINEN ZIRKEL BENUTZEN ODER ES AUS FREIER HAND VERSUCHEN...

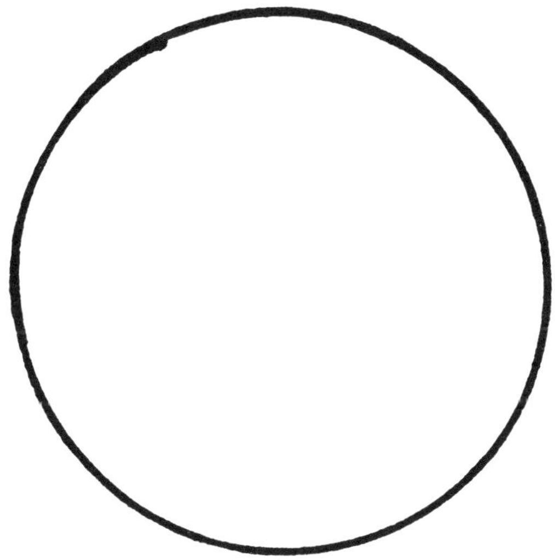

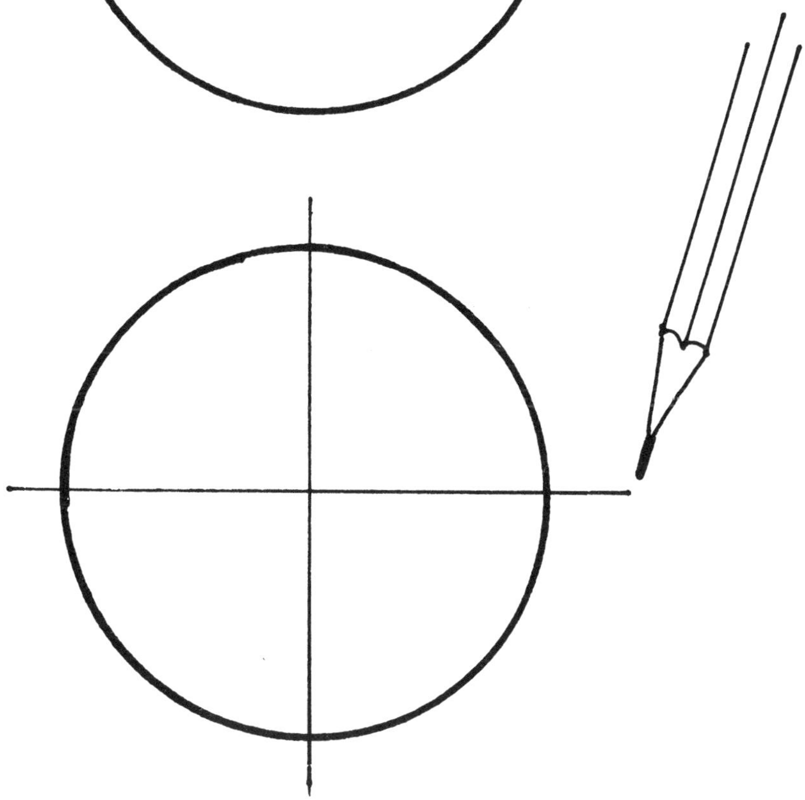

MIT BLEISTIFT ZEICHNEST DU DANN EIN KREUZ EIN.

DEN KREIS ZEICHNEST DU MIT DEM FASERSCHREIBER.

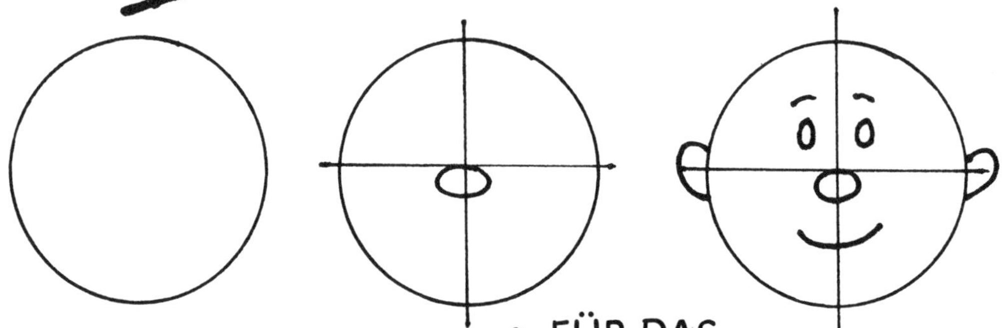

FÜR DAS KREUZ NIMMST DU DEN BLEISTIFT.

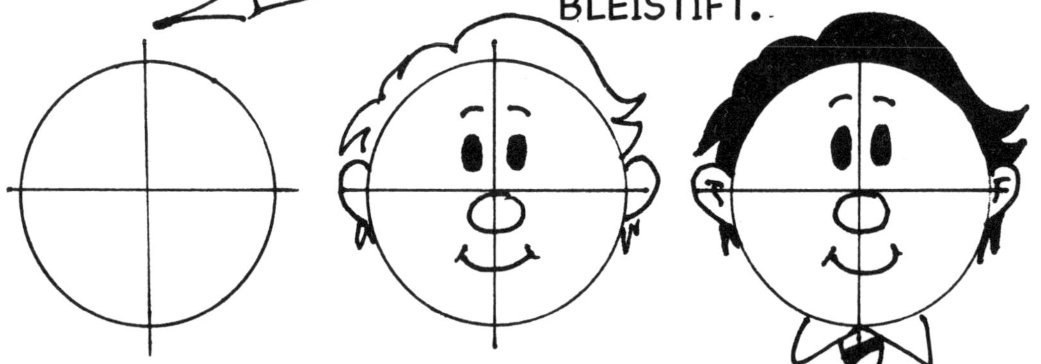

NACHDEM DU MIT DEM FASERSCHREIBER DIE AUGEN, DIE NASE USW. ERGÄNZT HAST, RADIERST DU DAS BLEISTIFT-KREUZ AUS.

DIE AUGEN KANNST DU GANZ UNTERSCHIEDLICH ZEICHNEN, ZUM BEISPIEL ALS SCHWARZE PUNKTE ODER ALS KREISE,

ODER DU SETZT PUNKTE IN DIE KREISE.

ZEICHNE GESICHTER UND PROBIERE AUS, WAS DER MUND ALLES AUSDRÜCKEN KANN. ER KANN LÄCHELN ODER DIE ZÄHNE ZEIGEN...

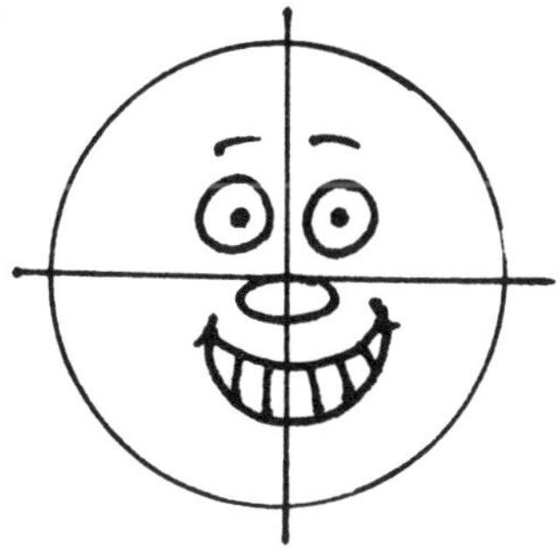

ODER SPRECHEN

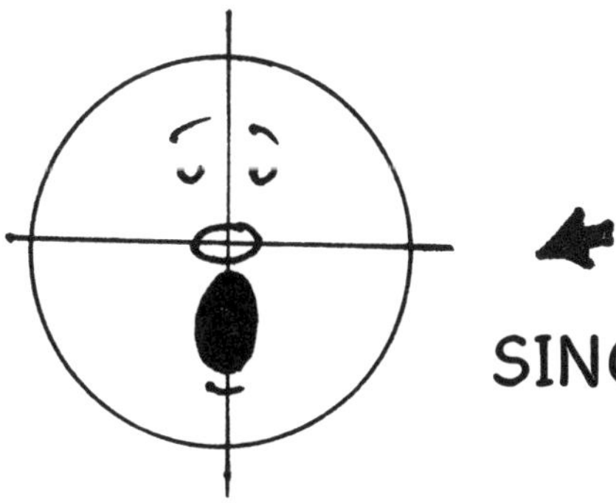

SINGEN

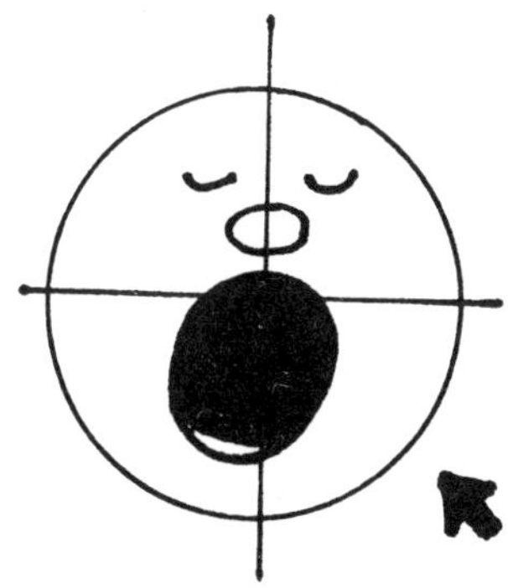

RUFEN

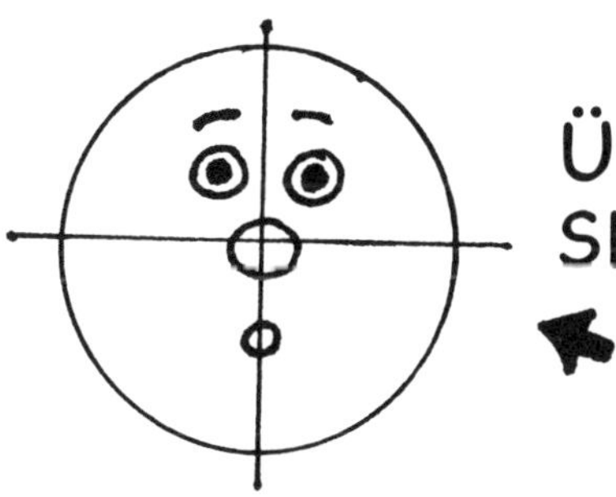

ÜBERRASCHT SEIN

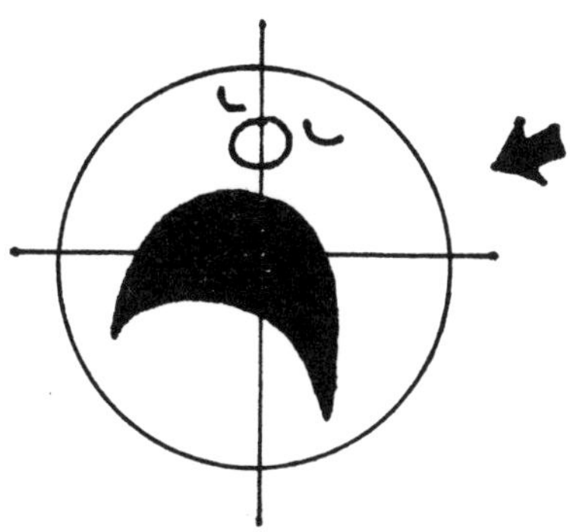

TRAURIG AUSSEHEN

ZEICHNE IMMER NEUE KREISE UND TRAU DICH RUHIG ZU EXPERIMENTIEREN.

JETZT SIND VERSCHIEDENE FRISUREN AN DER REIHE – WIEDER FÄNGST DU MIT EINER REIHE VON KREISEN AN UND...

ZEICHNEST NUR DEN UMRISS...

ODER SCHWARZE LOCKEN

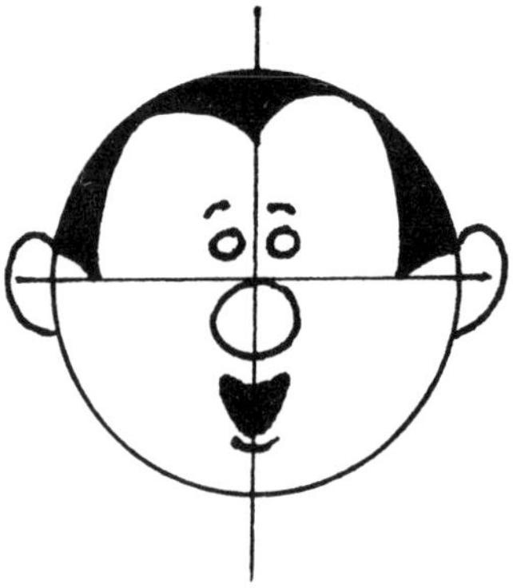

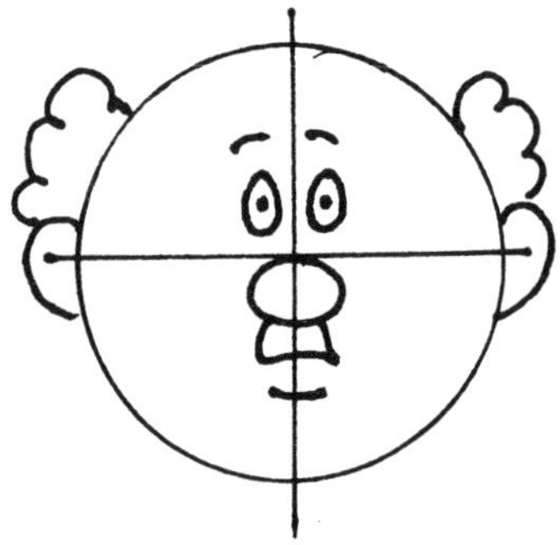

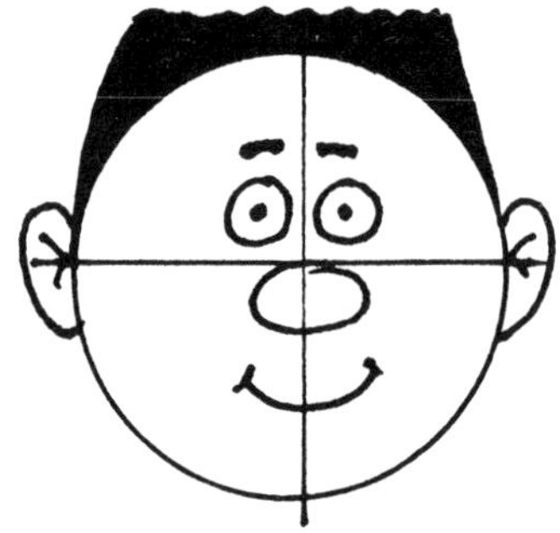

JETZT EINEN KAHLKOPF...

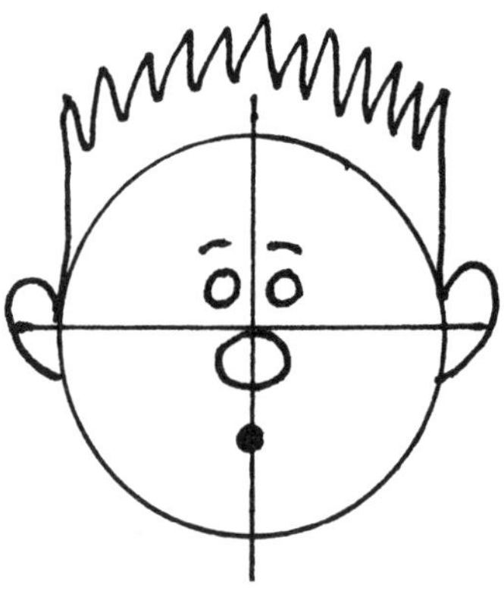

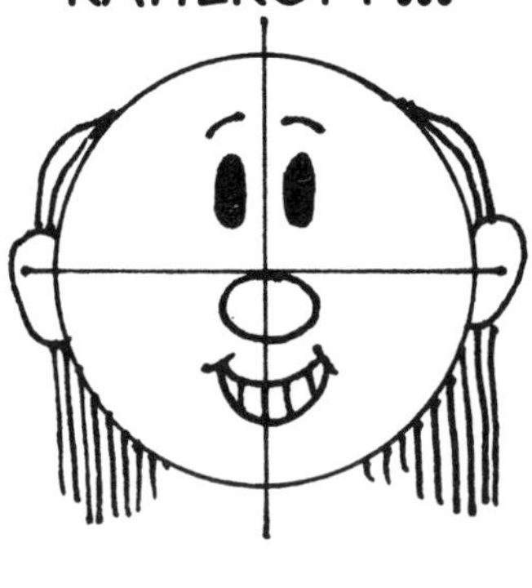

PUNKERFRISUREN

ODER EINE MATROSENMÜTZE

ES MACHT SPASS – VERSUCH´S MAL...

NUN EIN PAAR MÄDCHEN-GESICHTER MIT SCHLEIFEN, LOCKEN UND HÜTEN.

ES GIBT SO VIELE VERSCHIEDENE GESICHTSAUS-DRÜCKE! FRÖH-LICHE UND TRAURIGE.

DU WILLST EINE GANZ BESTIMMTE KOPFHALTUNG SKIZZIEREN? STELL DIR VOR, DU ZEICHNEST EINEN FUSSBALL...

STATT EINES KREUZES ZEICHNEST DU GEBOGENE »NÄHTE«. DIESER TEIL IST VIELLEICHT ETWAS SCHWIERIGER, ABER DU WEISST JA: ÜBUNG MACHT DEN MEISTER! DIE HILFSLINIEN RADIERST DU ANSCHLIESSEND AUS...

ZEICHNE GANZ EINFACHE FORMEN

AUGEN

NASEN

MUNDFORMEN

OHREN

HAARE
(FÜR MÄNNLEIN)

HAARE
(FÜR WEIBLEIN)

NACH EINIGER ZEIT BRAUCHST DU DIE HILFSLINIEN NICHT MEHR UND KANNST EIN GESICHT AUS FREIER HAND ZEICHNEN... UND WENN DU DAS GEPACKT HAST –

WERDEN SICH DIE FIGUREN FAST WIE VON SELBST ZEICHNEN...

WIRF MAL EINEN BLICK IN DEN SPIEGEL UND SCHNEIDE EIN PAAR GRIMASSEN – BRING ZU PAPIER, WAS DIR DA ENTGEGENSCHAUT... **BÄÄÄH!**

GESICHTER – ODER SOLLTE ICH SAGEN GRIMASSEN...

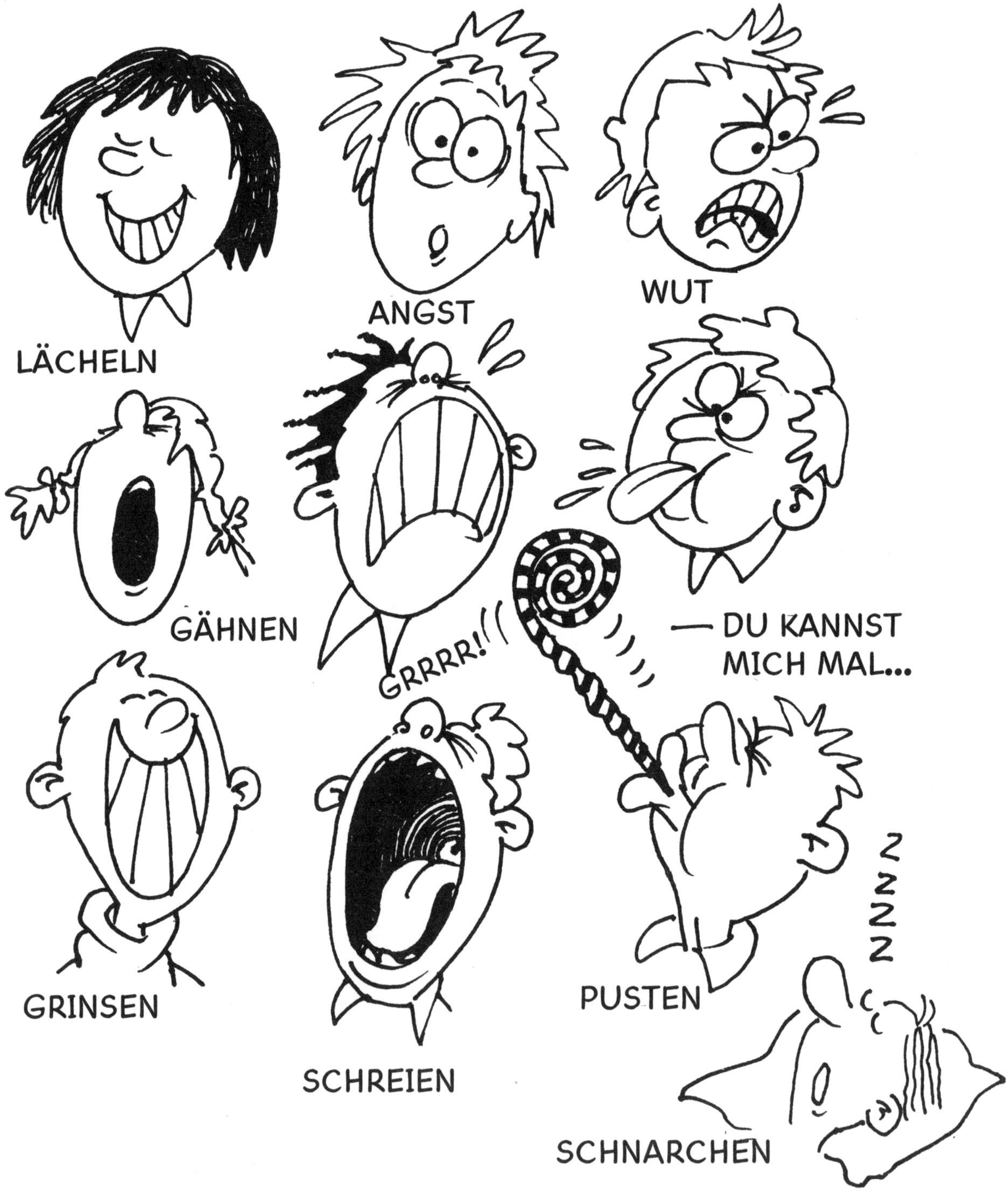

GESICHTER KÖNNEN BÄNDE SPRECHEN

LÄCHELN

PAH!

HMMMM...

NAAAH!

HUCH?!

GRRRRR!

HILFE!

NA JA?

HAHA! HE!

ICH LACH´ MICH TOT!

TOOOOR!

GAR NICHT WAHR, ÄTSCH!

OH VERFLIXT!

ICH HAB´S GENAU GESEHEN!

NANU! WAS WAR DAS DENN?

NOCH MEHR GESICHTER

ZEICHNE IMMER NEUE GESICHTER UND STELL DIR VOR, WAS SIE NOCH ALLES KÖNNEN – GÄHNEN, HUSTEN, SCHREIEN... BEIM ZEICHNEN DER CARTOONS WIRD DIR DAS HELFEN.

HÄNDE ZEICHNEN

ZEICHNE SIE GANZ EINFACH...

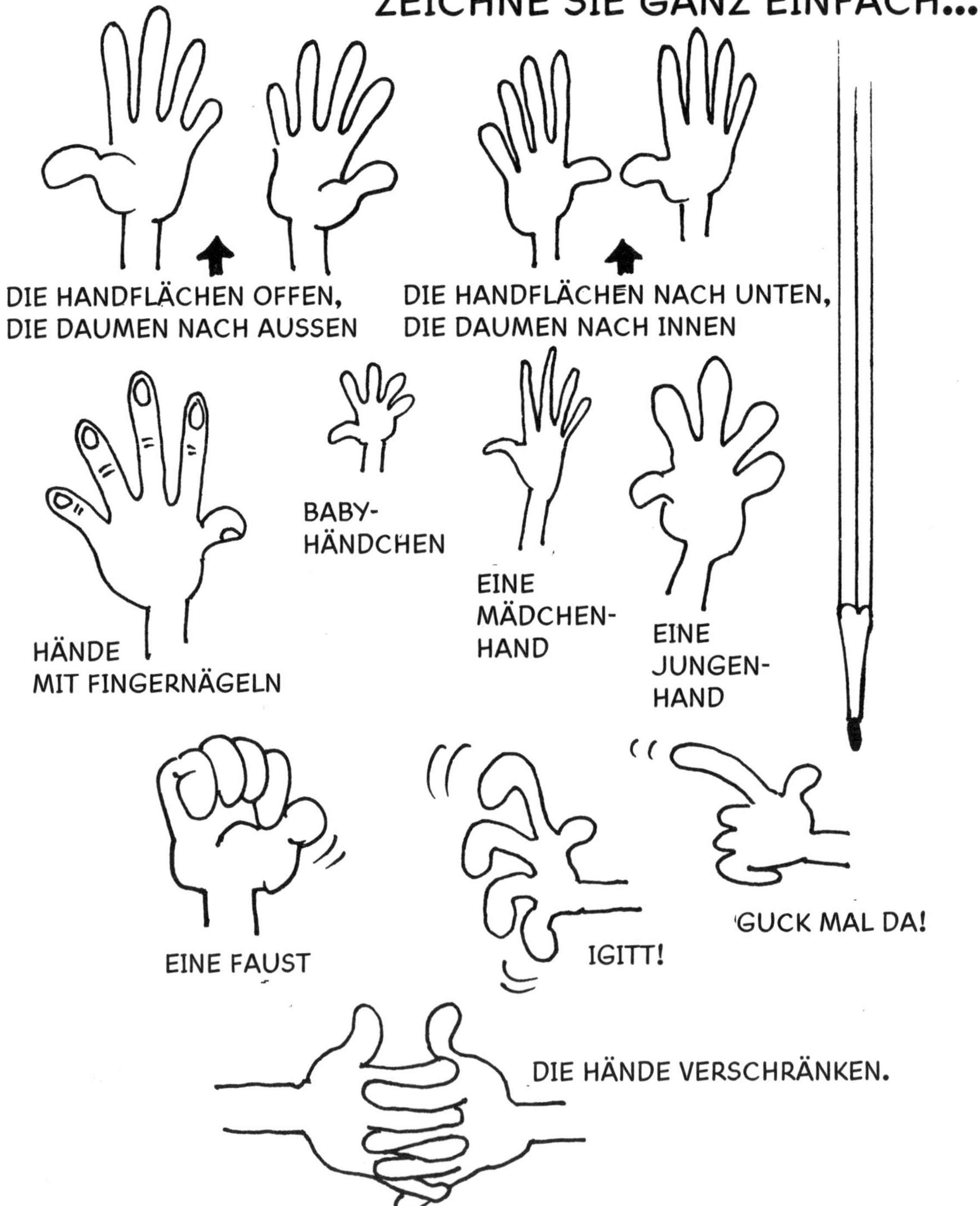

HALTE DICH NICHT MIT DETAILS WIE DEN FINGERNÄGELN ODER DEN KNÖCHELN AUF – DAS MACHT DAS HÄNDE-ZEICHNEN UNNÖTIG SCHWIERIG...

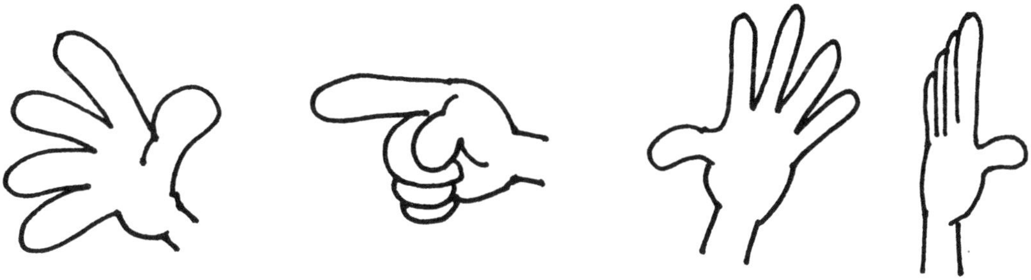

DIE ZEICHNUNG SOLL SCHLICHT UND EINFACH SEIN...

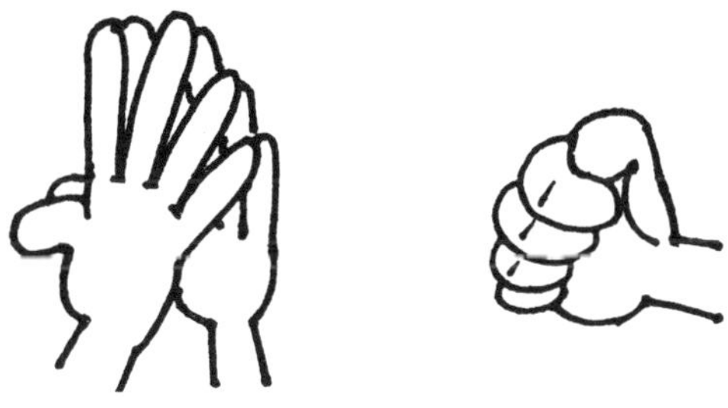

HÄNDE KÖNNEN VIEL ERZÄHLEN.

BLEIB DRAN UND ÜBE!

FÜSSE

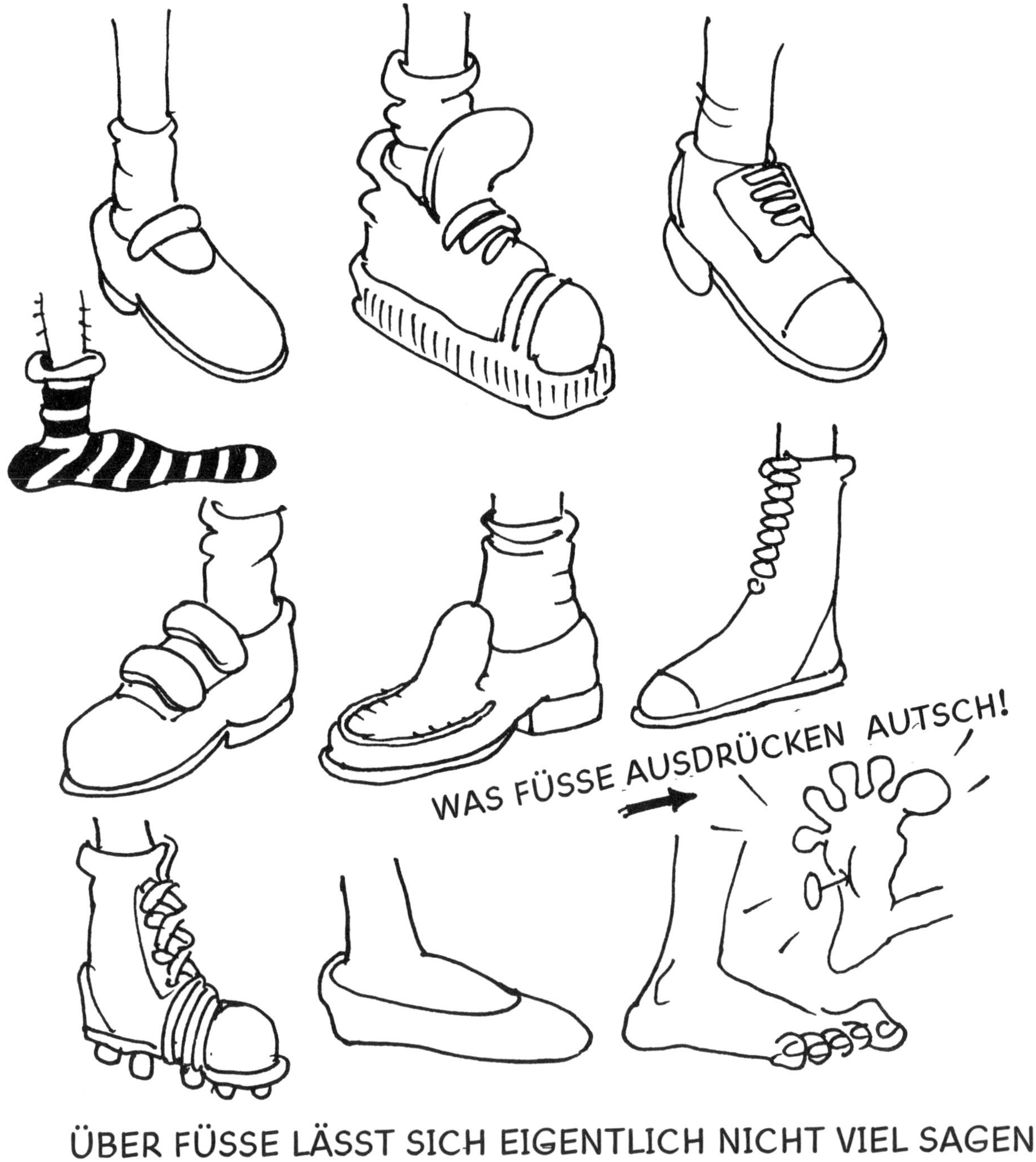

ÜBER FÜSSE LÄSST SICH EIGENTLICH NICHT VIEL SAGEN.
ÜBER DIE WECHSELNDE SCHUHMODE SCHON EHER.

EIN FAMILIENPORTRÄT

AUF DEN FOLGENDEN SEITEN KANNST DU DIE BEKANNTSCHAFT EINER NETTEN FAMILIE MACHEN. AN IHR KANNST DU ÜBEN, GESICHTER UND DEREN VERSCHIEDENE AUSDRUCKSMÖGLICHKEITEN DARZUSTELLEN.

MAMA

TINA

PAPA

DENNIS

ZUR FAMILIE GEHÖREN MAMA, PAPA, TINA, DENNIS, TOBI, STEFFI, SPUFI DER HUND UND MAX, DER KATER...

MAMA

PAPA

PAUSE DIE UMRISSE DURCH.

FALLS DU EINEN FOTOKOPIERER BENUTZEN KANNST, MACH DIR EIN PAAR KOPIEN VON DIESEN SEITEN. JETZT KANNST DU ÜBEN.

GIB DEN KÖPFEN MIT FILZSTIFT EIN GESICHT.

TINA

DENNIS

TOBI

STEFFI

SPUFI

MAX

DIESE ZEICHNUNG ENTSTAND NACH DEM FOTO EINES SCHULJUNGEN, DAS ICH IN EINER ZEITUNG GESEHEN HABE...

NIMM EINEN BLEISTIFT DER HÄRTE HB...

ZEICHNE ZUNÄCHST EINE EINFACHE GRUNDFORM WIE DIESES MÄNNCHEN...

WIEDERHOLE DIESE SO OFT, BIS DU EIN GEFÜHL FÜR DIE RICHTIGEN PROPORTIONEN HAST – DER KOPF DARF NICHT ZU GROSS UND NICHT ZU KLEIN SEIN...

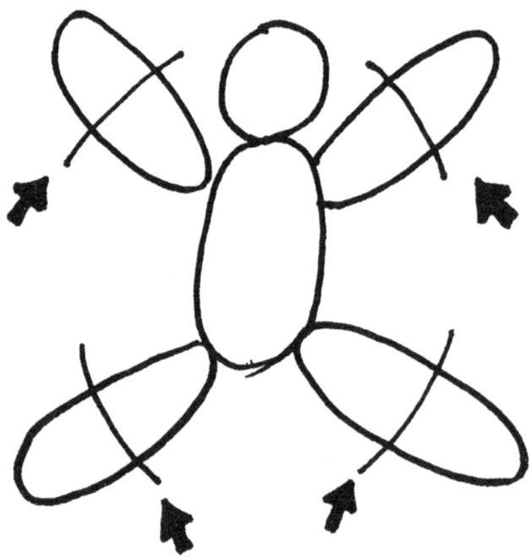

ACHTE AUF DIE ELLBOGEN UND DIE KNIE – SIE LIEGEN IN DER MITTE DER ARME UND BEINE. DENK DARAN, WENN SICH DEINE KLEINE FIGUR HINSETZT...

WENN DU DAS GEFÜHL HAST, DIE BEWEGUNGEN RICHTIG ZEICHNEN ZU KÖNNEN, GIB DER FIGUR NOCH HÄNDE UND FÜSSE – EIN PAAR EINFACHE STRICHE SIND GENUG. HALT DICH NOCH NICHT MIT DETAILS WIE FINGERNÄGELN ODER SCHNÜRSENKELN AUF...

HAT DER KLEINE MANN SEINE HÄNDE UND FÜSSE, BRAUCHT ER AUCH NOCH WAS ZUM ANZIEHEN – EINE JACKE, EIN HEMD, EINE KRAWATTE...

ZWISCHEN ÄRMEL UND HAND ZEICHNEST DU EINE MANSCHETTE EIN, DIE WEISS BLEIBT...

... WENN DU ANSCHLIESSEND DAS JACKETT MIT DEM FILZSTIFT SCHWARZ AUSMALST.

EINE GESTREIFTE KRAWATTE

ODER EINFACH NUR SWEATSHIRT UND JEANS.

NEIN – DIE MÄDCHEN HABE ICH NICHT VERGESSEN. SPITZ DEINEN BLEISTIFT UND KONZENTRIERE DICH DARAUF, JETZT DIE WEIBLICHEN WESEN AUFS PAPIER ZU BANNEN...

MÄDCHEN SIND VIEL HÜBSCHER ALS JUNGS. DARUM IST ES AUCH SCHWIERIGER, SIE ZU ZEICHNEN – AUF DIE BEINE KOMMT ES AN...

DU SIEHST BESTIMMT SELBST, WANN DIE BEINE STIMMEN. – DIESE DAME HIER DÜRFTE UNGEFÄHR EINEN METER ACHTZIG GROSS SEIN.

FRAUEN BEWEGEN SICH ANDERS ALS MÄNNER – SCHAU EINMAL GENAU HIN, WIE SIE GEHEN, STEHEN UND SITZEN...

EIN BISSCHEN MEHR STIL...

EIN BISSCHEN MEHR ANMUT.

DER BUSEN BRAUCHT GAR NICHT GROSS ZU SEIN.

ES SEI DENN, DU SKIZZIERST TYPEN WIE DIESE HIER!
DANN GEHÖREN EIN ÜPPIGER BUSEN UND EIN KUGELBAUCH DAZU –
EBENSO WIE EIN AUSLADENDES HINTERTEIL!

PROPORTIONEN: EINEN ERWACHSENEN ZEICHNE
SO HOCH WIE VIER KÖPFE
EIN KIND 3 KÖPFE GROSS
EIN BABY IST NUR 2 KÖPFE GROSS

PETER IST
UNGEFÄHR
4 KÖPFE GROSS

PETERCHEN IST
UNGEFÄHR
3 KÖPFE GROSS

EIN BABY IST
2 KÖPFE GROSS

EIN BABY ZEICHNEN

EIN BABY
ZEICHNEST DU
UNGEFÄHR
2 KÖPFE GROSS
– DASSELBE
GILT, WENN DU
EINE KATZE
ZEICHNEST...

UND DENK DARAN, DASS BABYS EINE MENGE VERRÜCKTE GRIMASSEN DRAUFHABEN.

ZEICHNE EIN STRICHMÄNNCHEN...*

GIB IHM HÄNDE UND SCHUHE UND MACH IHM BEINE – STECK ES IN EINEN JOGGINGANZUG – UND ZEICHNE DANN NOCH DAS GESICHT.

* ZEICHNE ANFANGS MIT BLEISTIFT, SPÄTER KANNST DU DANN MIT FILZSTIFT DIE FERTIGE FIGUR NACHZEICHNEN!

DAS IST PETER – VERSUCH MAL, VERSCHIEDENE ANSICHTEN VON IHM ZU ZEICHNEN:

VON VORN... VON DER SEITE... VON HINTEN...

VON OBEN (ALS WENN DU EIN VOGEL WÄRST)

VON UNTEN (ALS WENN DU EIN WURM WÄRST)

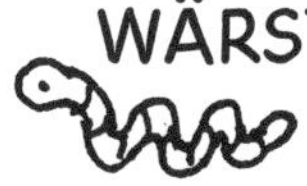

DER GUTE ALTE PETER

FALLS DU NICHT SICHER BIST, WIE EIN BESTIMMTER BEWEGUNGSABLAUF AUSSIEHT – STEH AUF UND PROBIERE ES SELBST AUS. DAS IST DIE BESTE MÖGLICHKEIT, ES HERAUSZUFINDEN.

DAS IST MONI – DU ZEICHNEST ZUERST EINMAL DREI KREISE:

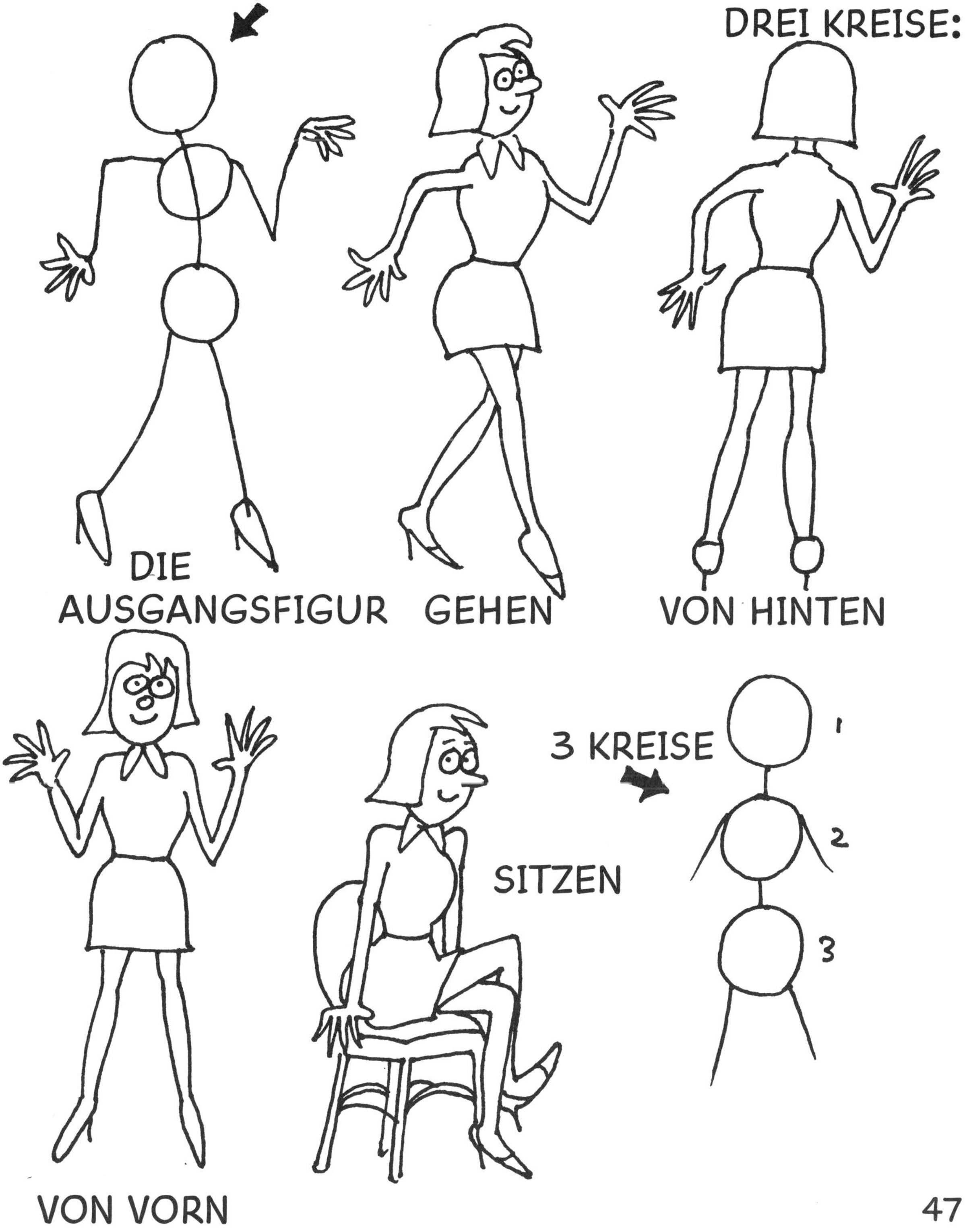

DAS IST DIE KLEINE TANJA –
ZEICHNE SIE AUS 2 KREISEN

GEHEN

VON VORN

LAUFEN

VON HINTEN

SITZEN

TANJAS KLEINE SCHWESTER

BEWEGUNGSSKIZZEN...

FORSCH ZUGEHEN

LAUFEN

STEHEN

ZEIGEN

DIE HÄNDE IN DIE HÜFTEN STEMMEN

ETWAS AUFFANGEN

KÄMPFEN

ETWAS WERFEN

DIE ARME VERSCHRÄNKEN

ETWAS ANHEBEN

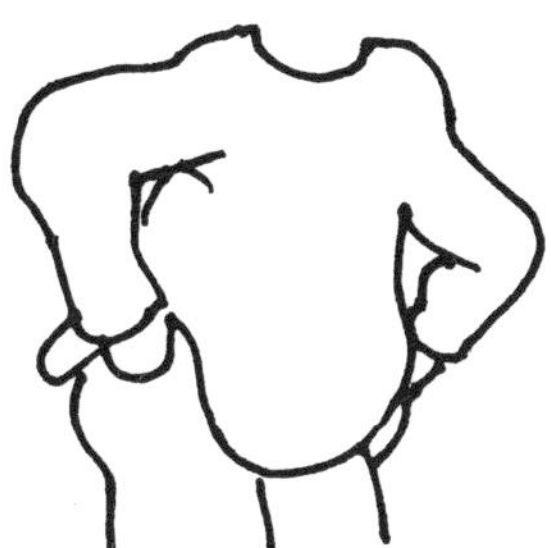
DIE HÄNDE IN DIE TASCHEN STECKEN

GELD HERAUSHOLEN

BEWEGUNGSSKIZZEN...

BEWEGUNGSSKIZZEN...

BEWEGUNGSSKIZZEN...

SCHREIBEN

DENKEN

VERZWEIFELT

»ICH HAB´S!«

UNSICHER

HURRA, ICH HATTE RECHT!

LESEN

SICH KRATZEN

SICH AUSRUHEN

BEWEGUNGSSKIZZEN...

GEHEN

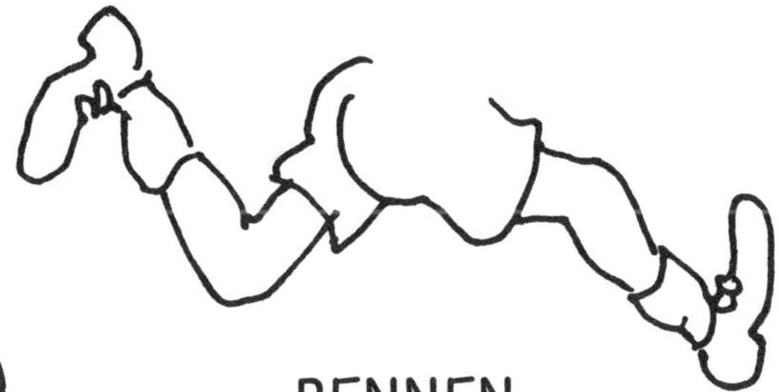

RENNEN

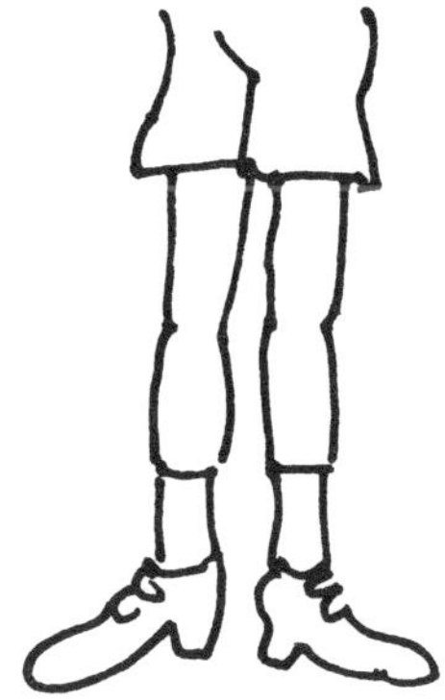

STEHEN

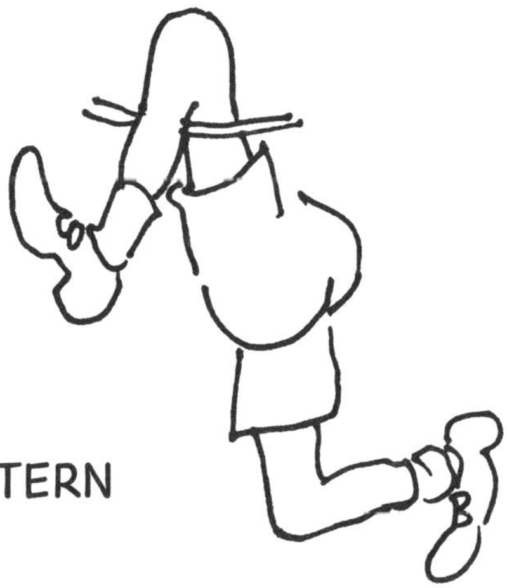

KLETTERN

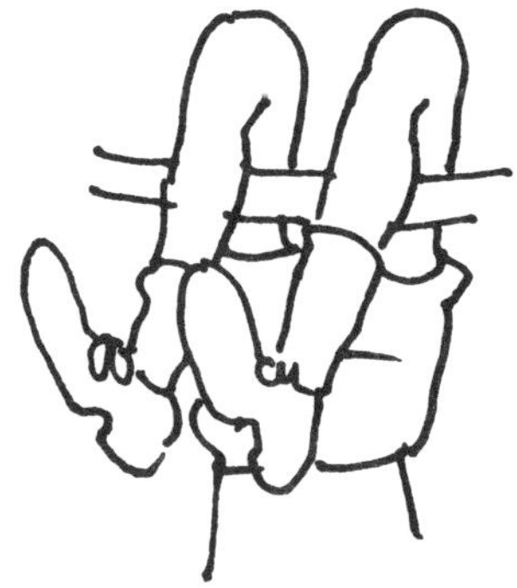

SCHWEINE-
BAUMELN

TRETEN

KNIEN

BEWEGUNGSSKIZZEN...

REDEN

RUFEN

ERKLÄREN

ETWAS TRAGEN

SICH ANZIEHEN

SICH WASCHEN

HAARE BÜRSTEN

DENKEN

BÜGELN

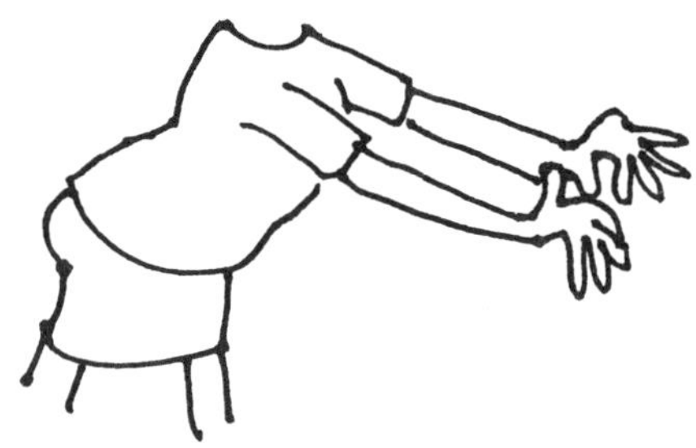
SCHIEBEN

BEWEGUNGSSKIZZEN...

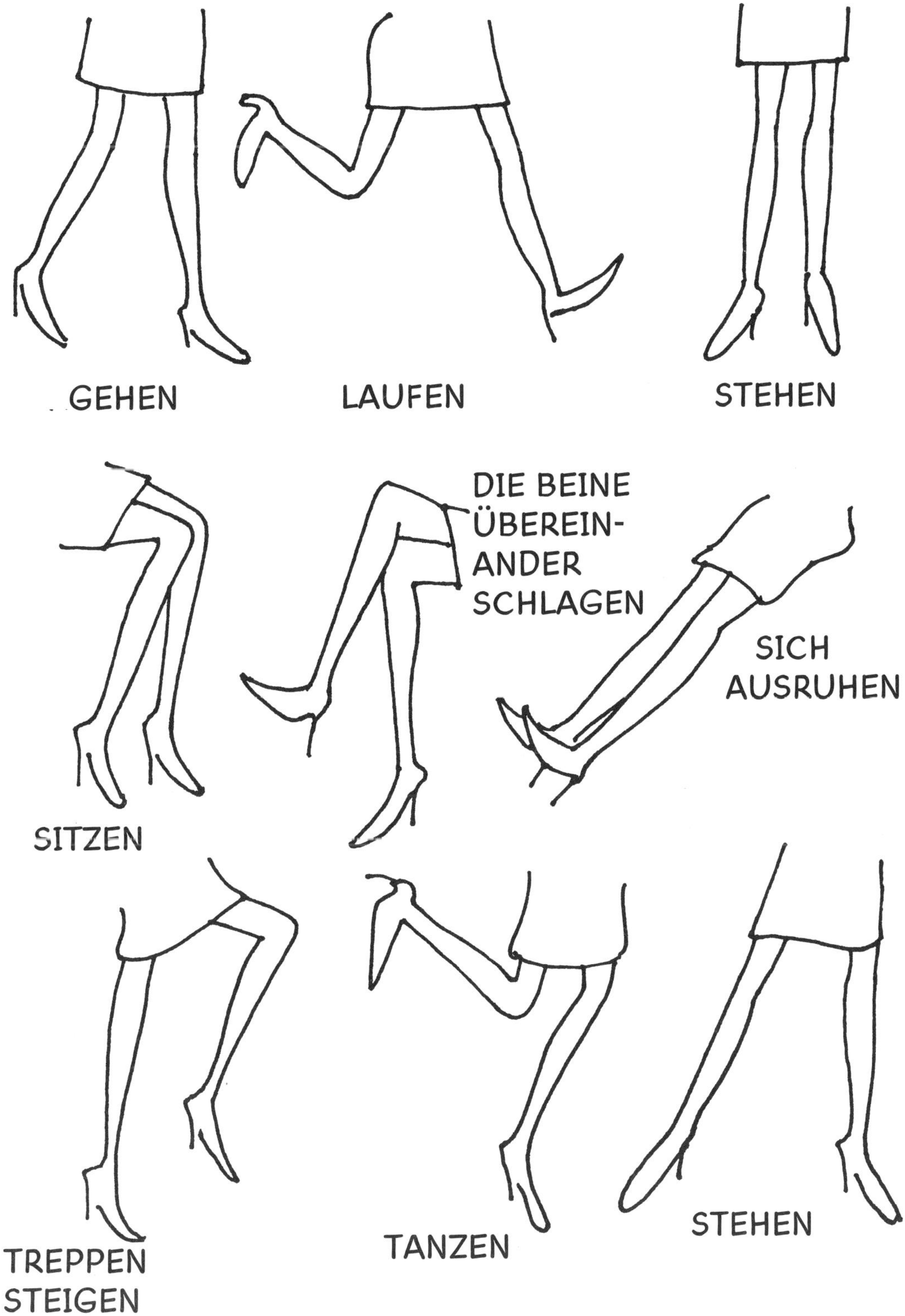

ICH WEISS, DASS EINBRECHER SICH IN WIRKLICHKEIT NICHT SO ANZIEHEN,

ABER WENN DU DIE FIGUR SO ZEICHNEST, WEISS JEDER SOFORT,WAS FÜR DUNKLEN GESCHÄFTEN DIESER KERL NACHGEHT.

DARUM GEHT´S DOCH: DASS JEDER SOFORT ERKENNT, MIT WAS FÜR EINEM TYPEN ER ES ZU TUN HAT.

BEKANNTE UND BELIEBTE TYPEN

MACH SKIZZEN VON LEUTEN IN UNIFORMEN; DU BRAUCHST SIE IMMER WIEDER.

DIESELBE UNIFORM KANNST DU AUCH IN TIER-CARTOONS VERWENDEN

DIESE BEIDEN GAUNER **HEISSEN MIEF UND MUFF.**

DU KANNST SIE SCHON VON WEITEM RIECHEN...

SCHULJUNGEN...

... UND SCHULMÄDCHEN

NOCH MEHR TYPEN!

DER SPORTLER
DER KOCH-KÜNSTLER...

DER WEIHNACHTSMANN KOMMT...

VERGISS NICHT – DU KANNST JETZT AUCH DEINE EIGENEN WEIHNACHTS-KARTEN ZEICHNEN, MAL SIE EINFACH BUNT AN...

ODER ZEICHNE
DEINE EIGENEN GEBURTSTAGSKARTEN.

ODER EINE FÜR DEINEN BESTEN FREUND.

ODER WÜNSCH DEINEM ZWEITBESTEN FREUND GUTE BESSERUNG!

WENN DU CARTOONS ZEICHNEN KANNST, HAST DU FÜR JEDEN EINEN PASSENDEN SPASS PARAT.

STELL DIR DIE SITUATION VOR, EHE DU SIE ZEICHNEST. DIESER TORWART HAT GERADE EINEN BALL DURCHGELASSEN – ER IST ALSO NICHT GERADE BEGEISTERT. SEIN GESICHTSAUSDRUCK SAGT ALLES...

DER GESICHTS-
AUSDRUCK DER
FIGUREN IST
MIT DAS WICH-
TIGSTE BEIM
COMIC-
ZEICHNEN –

DIESER JUNGE
LÄUFT, WEIL ER
ZU SPÄT ZUR
SCHULE
KOMMT...

WÄHREND
DIESER
BURSCHE HIER
LOSSPURTET,
UM DEN EIS-
WAGEN NACH
SCHULSCHLUSS
EINZUHOLEN

– SIEHST DU DEN UNTERSCHIED?

DIESER JUNGE HAT EBEN GEMERKT, DASS DER ÜBELSTE SCHLÄGERTYP DER SCHULE GERADEWEGS AUF IHN ZUSTEUERT...

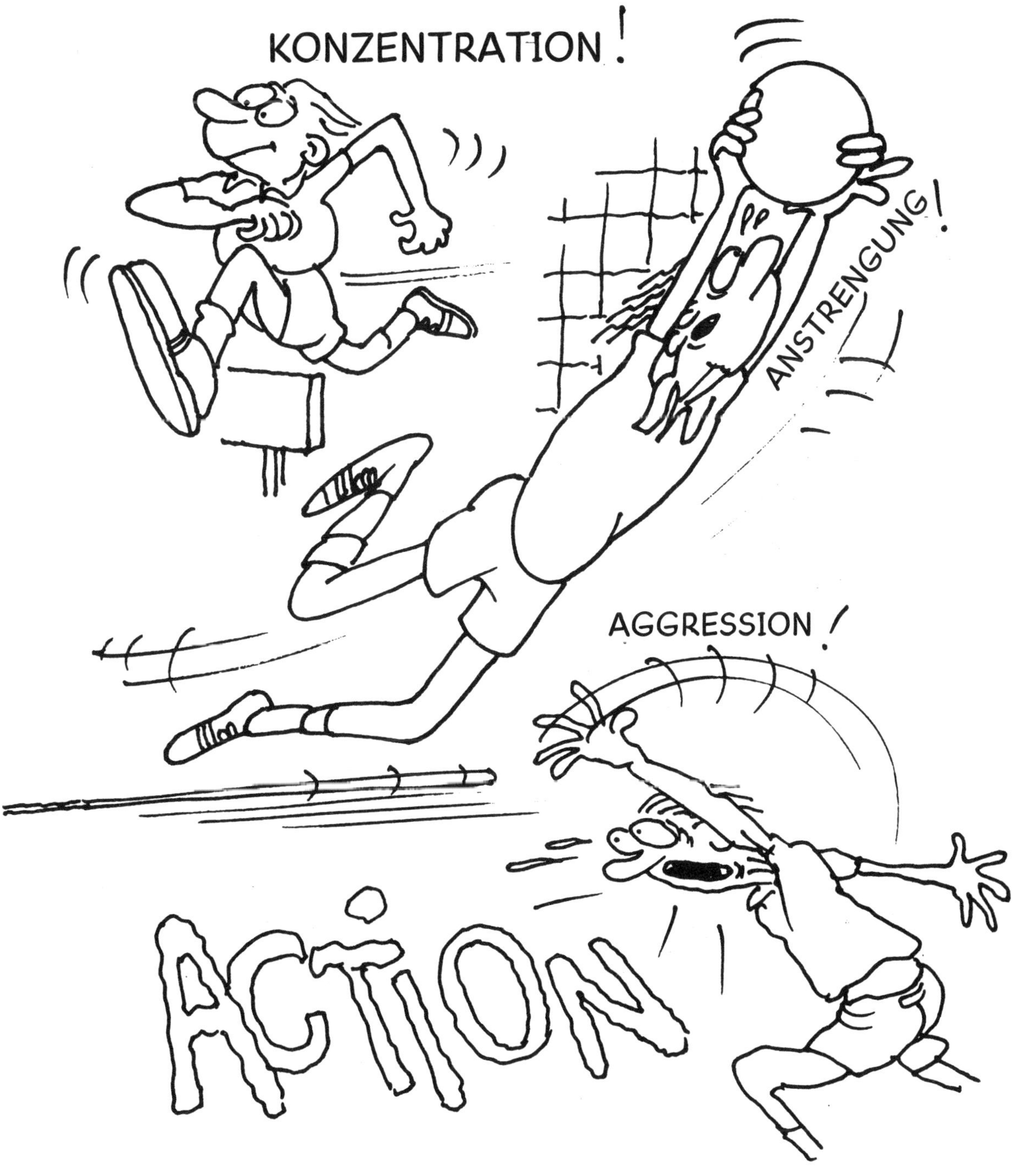
KONZENTRATION!
ANSTRENGUNG!
AGGRESSION!
ACTION

DER BOXSCHLAG

STELL DIR DIE BEWEGUNG VOR –
SCHAU IN DEN SPIEGEL UND BEOBACHTE,
WIE DU DICH BEWEGST.

DER BOXSCHLAG!

ZEICHNE ZUERST MIT DEM BLEISTIFT EINFACHE STRICHMÄNNCHEN.

MIT DER ZEIT BEKOMMST DU DAS FEELING FÜR DIESE BEWEGUNGSABLÄUFE – UND WENN DU DIE RICHTIGE HALTUNG DER ARME UND BEINE GANZ SICHER DRAUFHAST, KANNST DU MIT DEM FILZSTIFT WEITERMACHEN.

DIE BEWEGUNG... DAVON LEBT DER CARTOON

ÜBERTREIB JEDE BEWEGUNG – SETZE LINIEN, UM TEMPO ANZUZEIGEN, ZEICHNE DIE SCHWEISSTROPFEN, DIE DEINER FIGUR VON DER STIRN RINNEN...

STERNE UND SCHWEISSTROPFEN
LINIEN, UM TEMPO AUSZUDRÜCKEN
SPORT IST EIN TOLLES THEMA, WAS ACTION ANGEHT
WUT UND AGGRESSIVITÄT
ES IST AUCH EIN TOLLES THEMA FÜR CARTOONS...

RÄDER UND ANDERE DINGE...

MONSTER UND GESPENSTER

ES WIRD DIR
BESTIMMT SPASS
MACHEN, DIR SOLCHE
FIGUREN AUSZUDENKEN –
ABER DU SOLLTEST EINES
NICHT VERGESSEN: WENN DU
ABENDS DAS LICHT AUSSCHALTEST,
WIRD ES SEHR, SEHR DUNKEL... BUUHUUUUIH!

WER HAT ANGST
VORM
KNOCHENMANN?

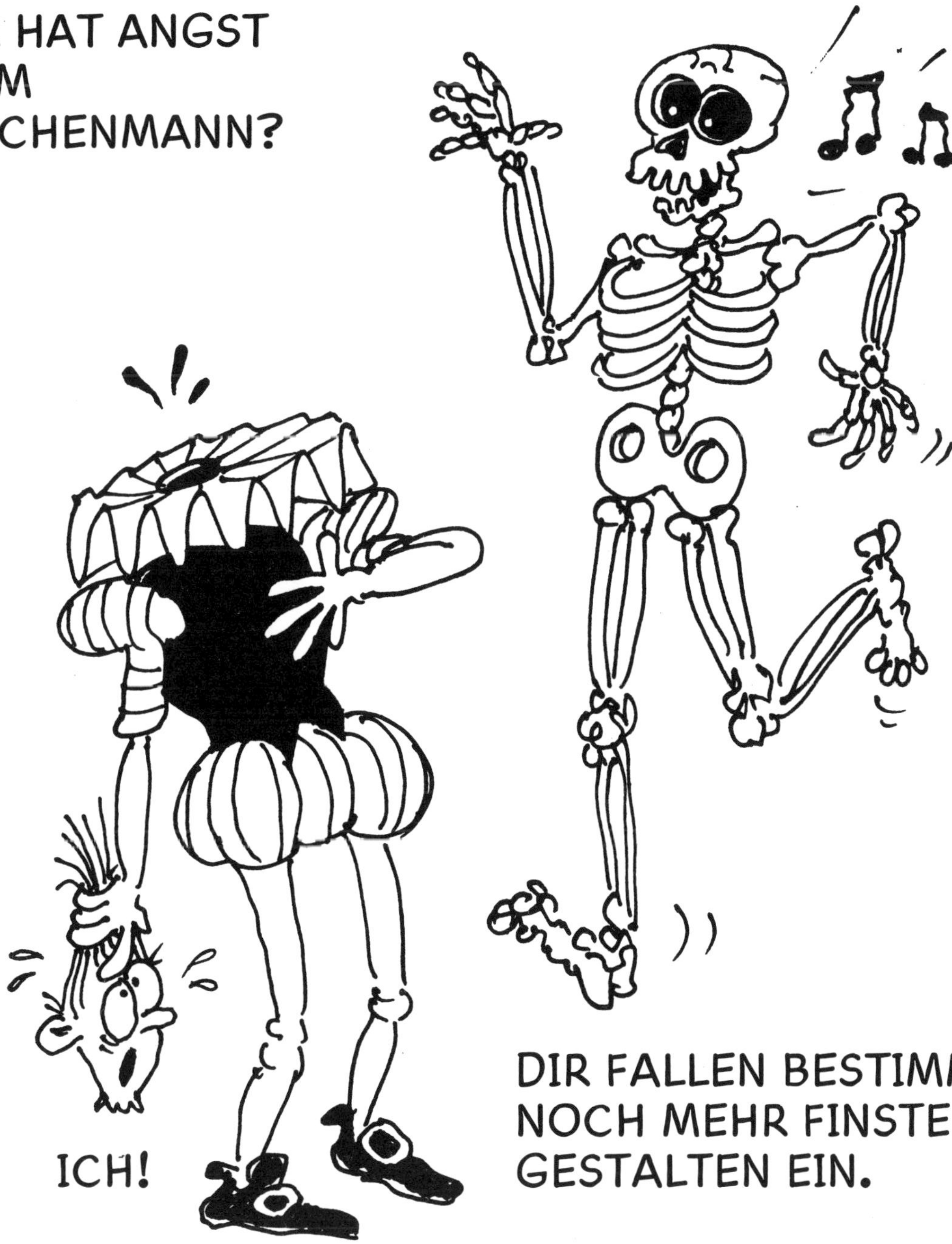

DIR FALLEN BESTIMMT
NOCH MEHR FINSTERE
GESTALTEN EIN.

WAS IST EIN CARTOON?

EIN BEISPIEL: STELL DIR VOR, EIN MANN RUTSCHT AUF EINER BANANENSCHALE AUS.

DAS WIRKT VIEL WITZIGER, WENN DERSELBE MANN AUF EINER BANANENSCHALE AUS-RUTSCHT – UND DABEI EIN DUTZEND EIER BALANCIERT.

DER BETRACHTER KANN SICH AUSMALEN, WAS ALS NÄCHSTES PASSIEREN WIRD...

SOGAR WENN DU DAS DANN NICHT ZEICHNEST!

ABER FALLS DU ES DOCH TUST, WIRD ES KOMISCHER WIRKEN, ALS EINFACH NUR EIN MANN, DER AUF EINER BANANENSCHALE AUSRUTSCHT...

<u>DAS IST CARTOON-ZEICHNEN!</u>

EINFACH NUR ZWEI LEUTE ZU ZEICHNEN, DIE SICH UNTERHALTEN, IST NICHT SO FURCHTBAR WITZIG...

ABER SCHAFFST DU EINE SITUATION (ZUM BEISPIEL DER EINKAUF IM SUPERMARKT), WIRKT DAS GANZE GLEICH VIEL INTERESSANTER.

AUF DIESER ZEICHNUNG SIEHST DU EINEN MANN, DER MIT DEM BANKDIREKTOR SPRICHT – ABER WENN DU WILLST, KANN DEIN BILD EINE GANZE GESCHICHTE ERZÄHLEN...

JETZT WEISS JEDER, WARUM DER MANN MIT DEM BANKDIREKTOR SPRICHT. LASS STATT VIELER WORTE DEINE ZEICHNUNG ALLES WESENTLICHE SAGEN – EINE KURZE TEXTZEILE REICHT FÜR DIE POINTE.

DIESER CARTOON ZEIGT EINEN MANN, DER FERNSIEHT – DU SOLLTEST DEN HINTERGRUND NUR ANDEUTEN: EIN TÜRRAHMEN, EIN BILD AN DER WAND, EINE KATZE, VORHÄNGE, EINE TASSE TEE AUF DEM TISCH UND DER TEPPICH... DAS FERNSEHGERÄT IM VORDERGRUND DAGEGEN ZEICHNEST DU SCHWARZ UND MALST ES AUS...

VERWENDE IM HINTERGRUND SO WENIGE DETAILS WIE NÖTIG – ABER ER MUSS TROTZDEM EINE GANZ BESTIMMTE SITUATION WIEDERGEBEN. DANN SIEHT JEDER GLEICH, WORUM ES GEHT...

DABEI KANN ES HILFREICH SEIN, KLEINE HINWEISE (Z. B. TÜRSCHILDER) ZU VERWENDEN...

DEINE ZEICHNUNG SOLL DIE STORY ERZÄHLEN – FÜR DIE POINTE KANN DIE BILDUNTERSCHRIFT SORGEN. ABER DEM BETRACHTER MUSS ES MÖGLICH SEIN, DIE SITUATION MIT EINEM BLICK ZU ERFASSEN – DAS IST CARTOON-ZEICHNEN!

WITZE

WITZE

HABEN SIE DENN NOCH NIE DIE WARNUNG DES GESUNDHEITSMINISTERS AUF DER PACKUNG GELESEN?

WITZE

WITZE

ES IST DER MANN
MIT DER EISERNEN MASKE!

WAS IST EIN CARTOON?

AUF DIESER ZEICHNUNG SIEHST DU EINEN MANN, DER EIN SCHILD UNTER DEM ARM TRÄGT UND IN EIN LOCH HINABSTARRT, DAS SICH MITTEN AUF DEM GEHWEG BEFINDET...

– EIGENTLICH KEIN RICHTIGER CARTOON!

ABER WENN DU DIESELBE SITUATION ZEICHNEST, DIESESMAL JEDOCH MIT EINEM MANN, DER WUTENTBRANNT AUS DEM ANDEREN LOCH HERAUSKLETTERT – DANN WIRD DARAUS EIN CARTOON!

UND IN DER SECHSTEN RUNDE
TAUCHST DU DANN AB!

WITZE

WITZE

KOMM REIN –
HAST DU SCHON GEGESSEN?

WITZE

WITZE

IST DAS IHR WAGEN, SIR?

MIAU!
TIERE ZEICHNEN

TIERE ZEICHNEN...

ZEICHNE DREI KREISE UND EINEN SCHNÖRKEL WIE DIESEN.

ALS AUGEN FÜGST DU DANN ZWEI PUNKTE HINZU;

SCHON HAST DU EIN GERÜST FÜR VIELE VERSCHIEDENE TIERE

EINE KATZE

ODER EINEN HUND

SOGAR EINEN SEELÖWEN

IMMER DASSELBE GESICHT!

GEH MAL WIEDER IN DEN ZOO –

SKIZZIERE DIE TIERE...

... UND LEG
DIR EIN SKIZZENBUCH AN,
IN DEM DU DIE ZEICHNUNGEN SAMMELST...

DIE STIRN GERUNZELT

UND SOFORT WIRD
AUS DIESEM GESICHT
EIN GRIMMIG DREIN-
BLICKENDER LÖWE...

ODER EIN TIGER...

ODER AUCH EIN
KLEINER HUND.

NOCH
EIN PAAR
ZÄHNE – GRRRR!

DAS GLEICHE GESICHT
FÜR EIN WALROSS,

EIN
KANINCHEN

EINE
MAUS

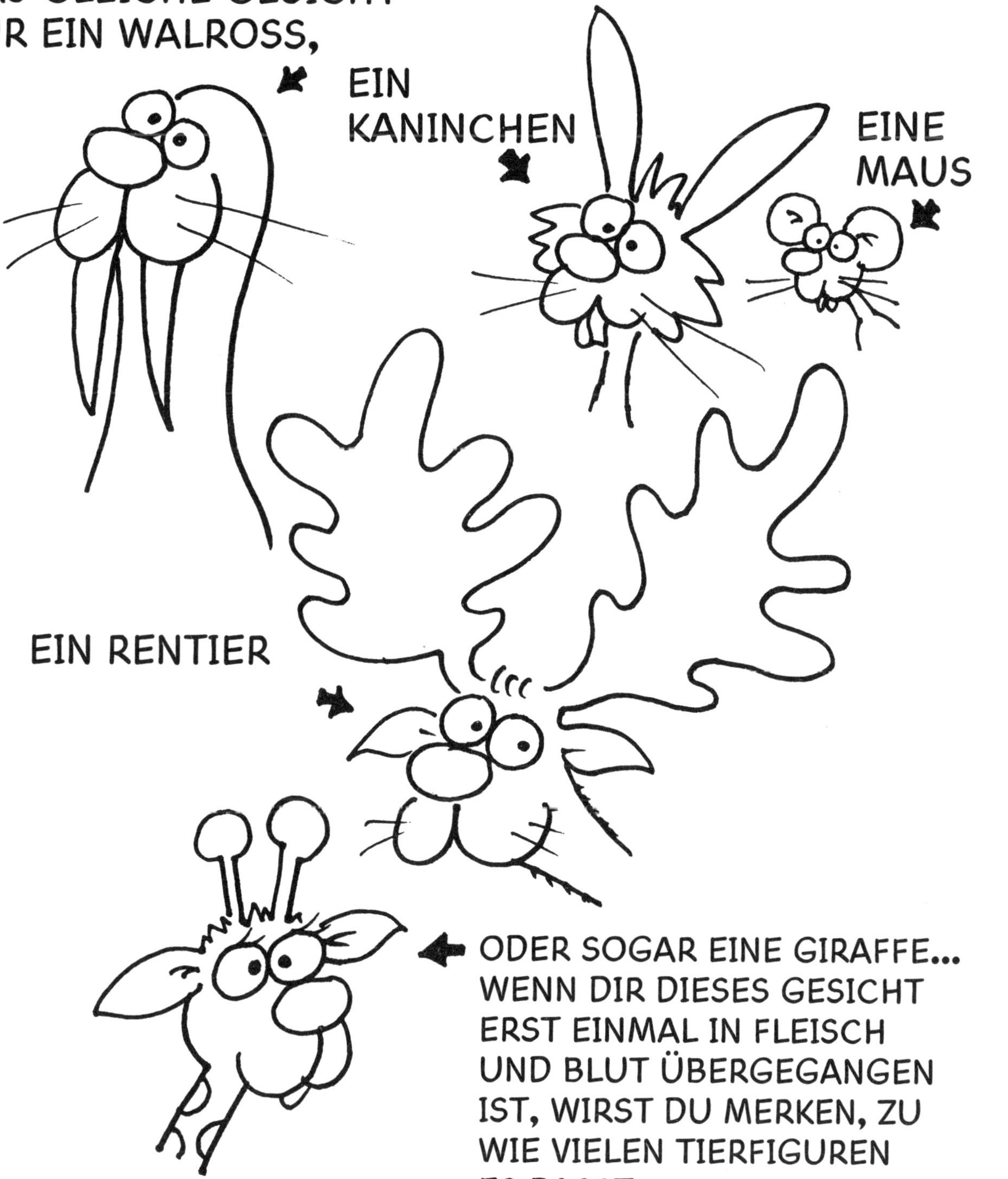

EIN RENTIER

ODER SOGAR EINE GIRAFFE…
WENN DIR DIESES GESICHT
ERST EINMAL IN FLEISCH
UND BLUT ÜBERGEGANGEN
IST, WIRST DU MERKEN, ZU
WIE VIELEN TIERFIGUREN
ES PASST…

STELL DIR DAS TIER VOR,
DAS DU ZEICHNEN WILLST –

WIE STEHT ES? WIE
BEWEGT ES SICH?
WIE SITZT ES?

SCHAU ES
DIR GENAU AN!

STELL DIR ZUNÄCHST
DIE FORM DES TIERES VOR.

MIT DEM
BLEISTIFT
ZEICHNEST DU
DANN DIE UMRISSE
DES TIERES, SO WIE
DU SIE SIEHST,

DAS WIRD DIR HELFEN,
DEINE COMICFIGUR
TREFFEND ZU ZEICHNEN –

PASS DAS
GESICHT DER
BEWEGUNG AN!

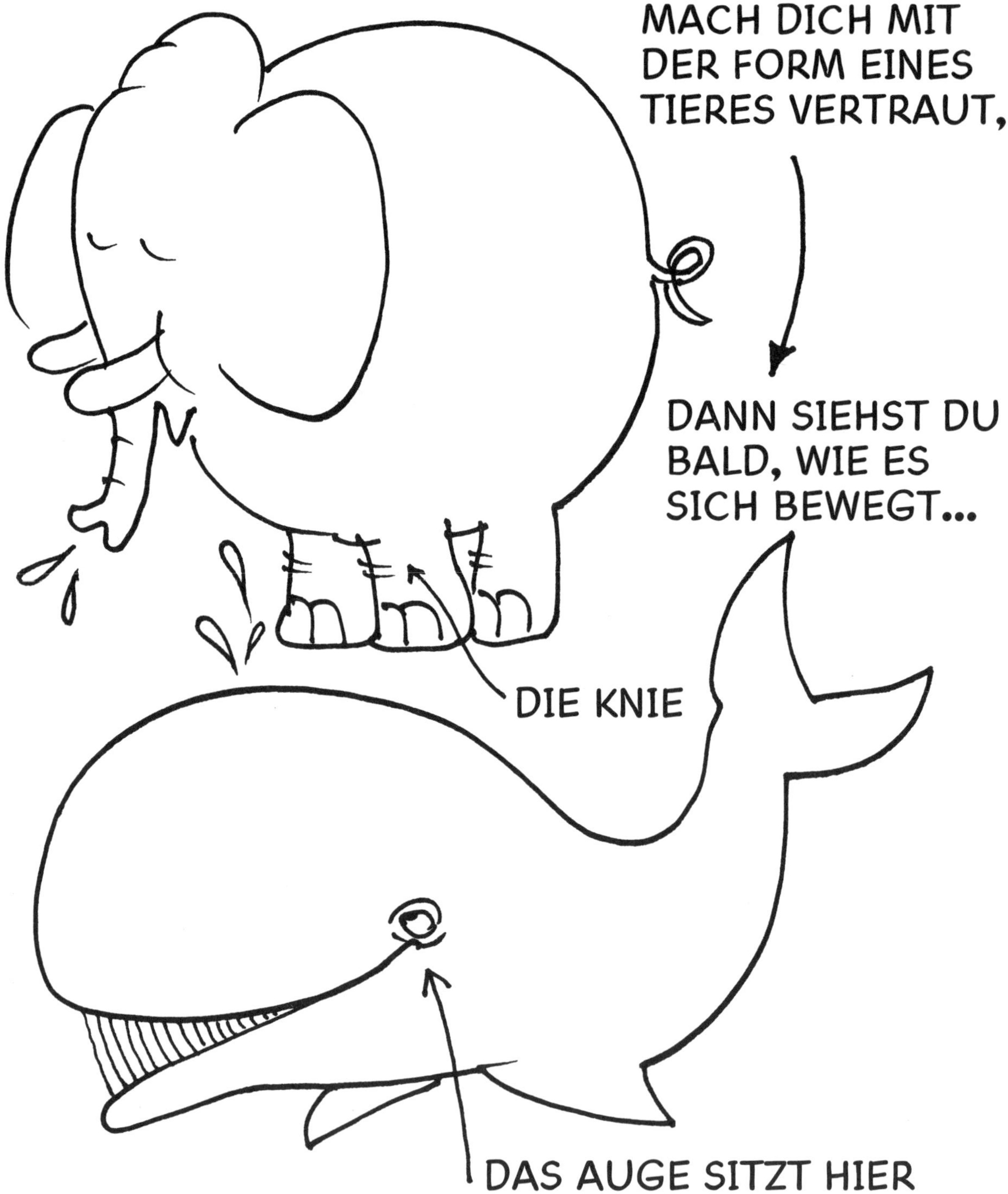
MACH DICH MIT DER FORM EINES TIERES VERTRAUT,
DANN SIEHST DU BALD, WIE ES SICH BEWEGT...
DIE KNIE
DAS AUGE SITZT HIER

GESICHTER ZUSAMMENFÜGEN...

MIT EIN WENIG ÜBERLEGUNG UND PHANTASIE KANNST DU EINE MENGE VERSCHIEDENER FIGUREN ZEICHNEN, EINFACH DADURCH, DASS DU EINEN SCHNABEL ODER EINE NASE AN EINEN KREIS SETZT...
ZEICHNE EINIGE KREISE UND VERSUCHE ES...

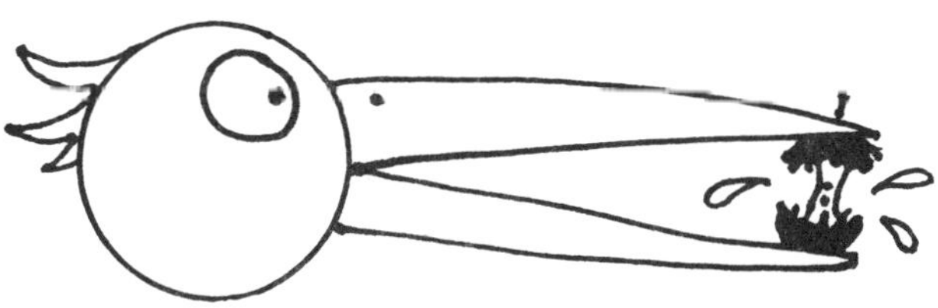

FALLS DU SO EINE SCHABLONE BESITZT – BENUTZE SIE DAFÜR!

MICKY
ELCH!

DENK DIR EIGENE
FIGUREN AUS –
ODER SETZE VER-
SCHIEDENE TIERE
ZU EINEM EINZIGEN
ZUSAMMEN.

GADAFFI DUCK!

BILLY
THE KID

STELL DIR DEN BEWEGUNGSABLAUF VOR...

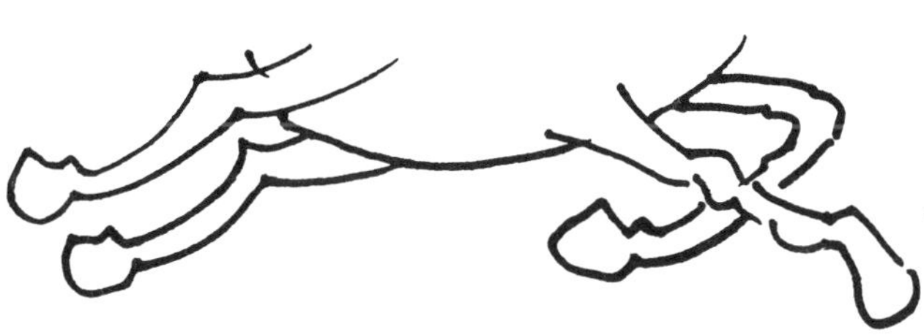

EIN GALOPPIERENDES PFERD

EIN SITZENDER HUND

EINE SCHLAFENDE KATZE

EIN LIEGENDER HUND

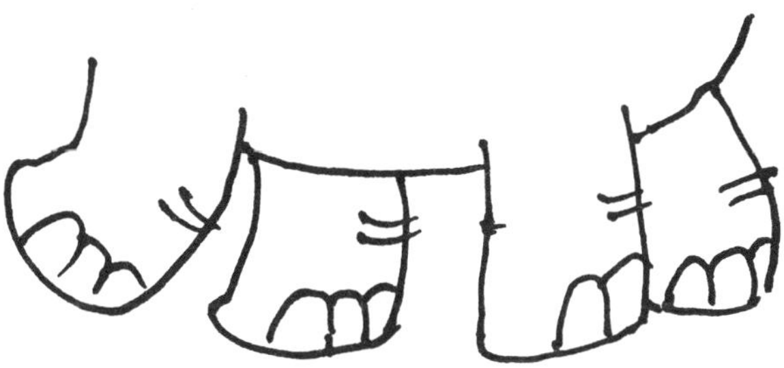

EIN SCHREITENDER ELEFANT

STEHEN

SCHNELL RENNEN

NIEDERKNIEN

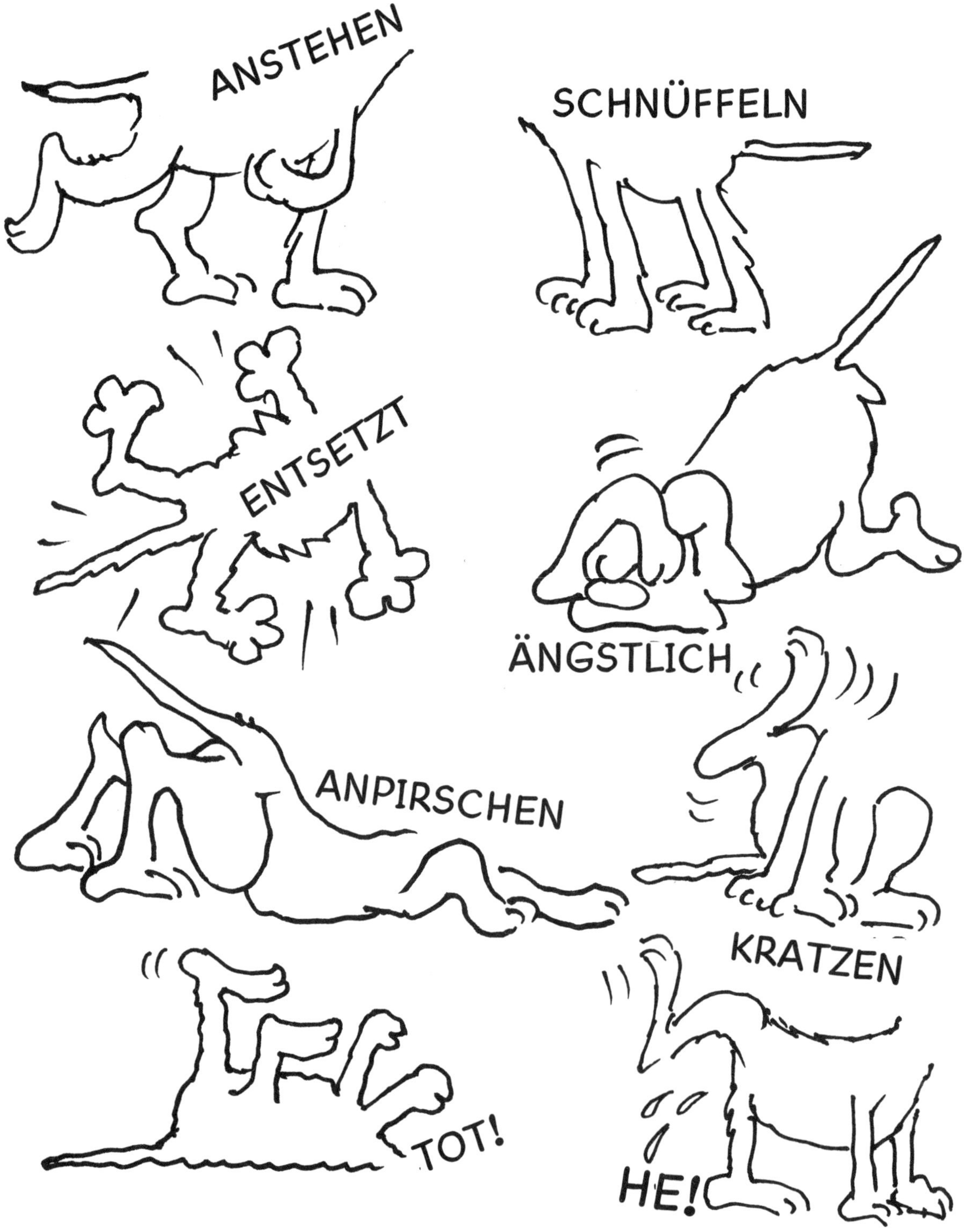
ANSTEHEN
SCHNÜFFELN
ENTSETZT
ÄNGSTLICH
ANPIRSCHEN
KRATZEN
TOT!
HE!

DU KANNST DIE TIERE AUCH SO ZEICHNEN, DASS SIE SICH WIE MENSCHEN BENEHMEN...

DAS IST ZWAR SCHWIERIGER – ABER WENN DU EINMAL GELERNT HAST, WIE DAS GEHT, DANN KANNST DU WIRKLICH CARTOONS ZEICHNEN!

HE HE HE

VOGEL-
FÜSSE
DAS IST NICHT DER
RICHTIGE ORT FÜR EINE MAUS...

TIERE ZU ZEICHNEN MACHT SPASS

DEN WATSCHELGANG

EINE ENTE IN SCHULUNIFORM

ZÄHER ALTER VOGEL

DER ALTE BILL!

MACH DIE TIERE ZU MENSCHEN...

LASS SIE –

DIE ROLLEN MITEINANDER TAUSCHEN

MONSTER

RIESEN ZEICHNET MAN IN IHRER GANZEN GRÖSSE – VON DEN FÜSSEN BIS HINAUF IN DEN HIMMEL... UNHEIMLICH!

SO FÜHLST DU DICH, WENN DU DEINE ARBEITEN ZUM ERSTENMAL EINEM VERLEGER ZEIGST!

WENN DU EINE FIGUR HABEN WILLST, DIE DROHEND AUSSIEHT.

DENK DIR EIGENE FIGUREN AUS –
MONSTER MACHEN SPASS!
UUUAAAAH HILFE!

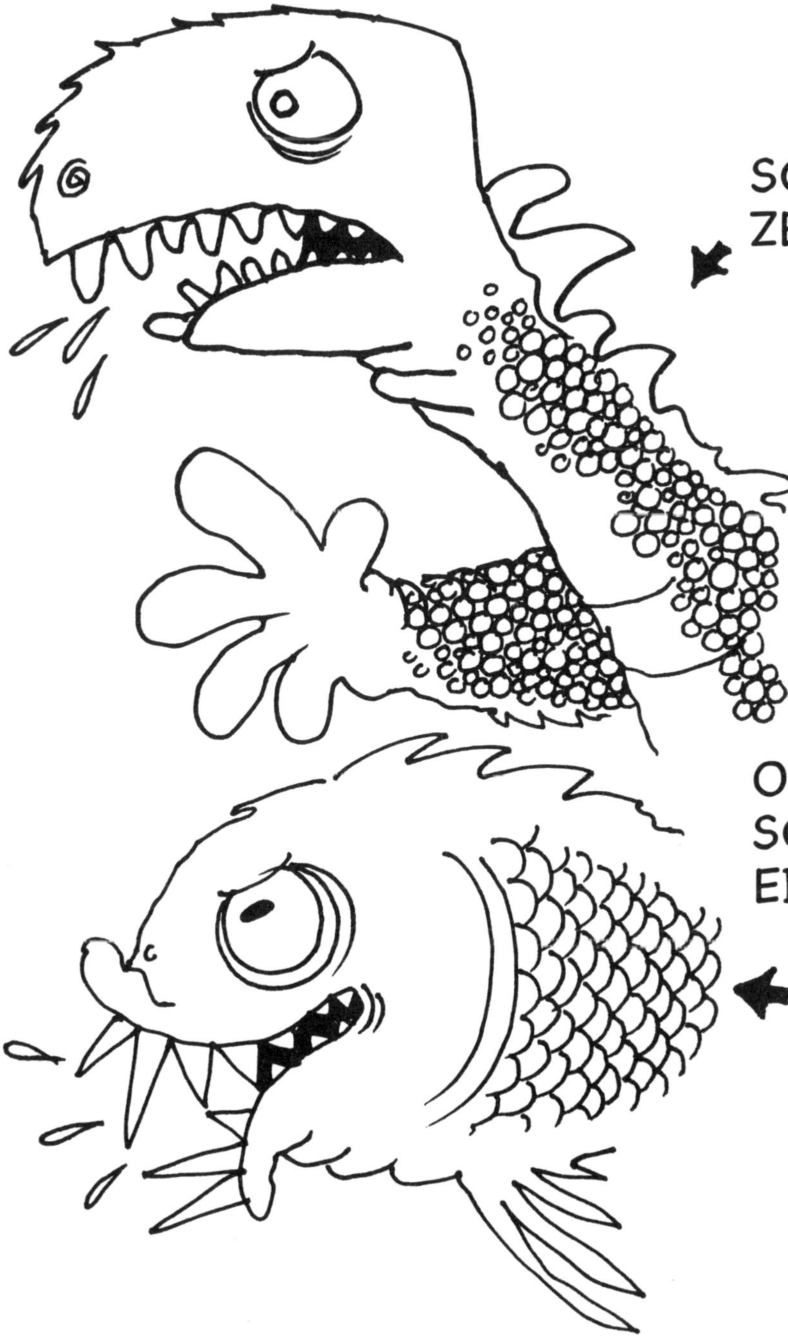

SCHUPPIGE HAUT
ZEICHNEST DU

AUS VIELEN
KLEINEN
KREISEN,

WIE
HIER,

ODER DIE
SCHUPPEN
EINES FISCHES

SO WIE HIER

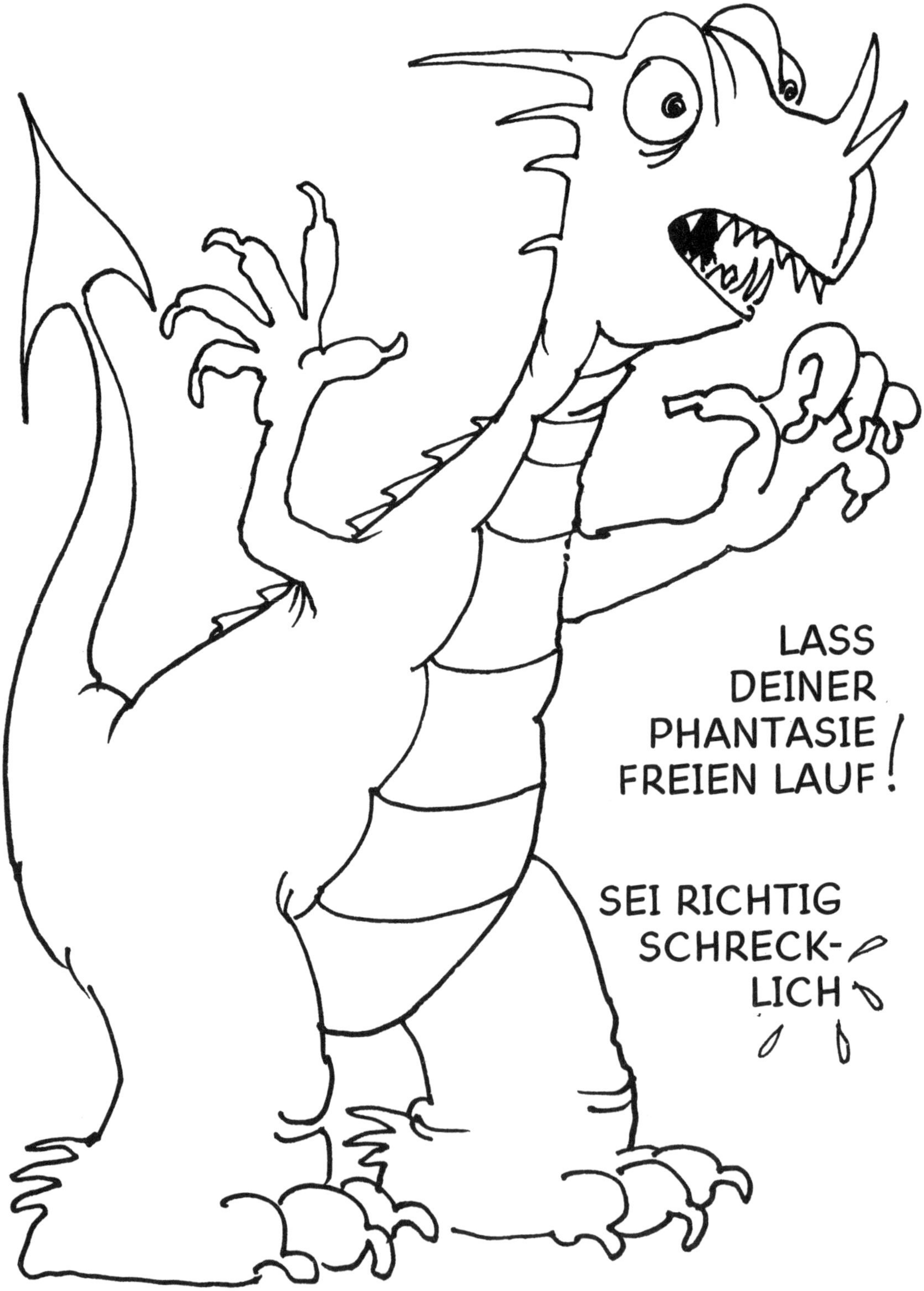
LASS DEINER PHANTASIE FREIEN LAUF!
SEI RICHTIG SCHRECK-LICH

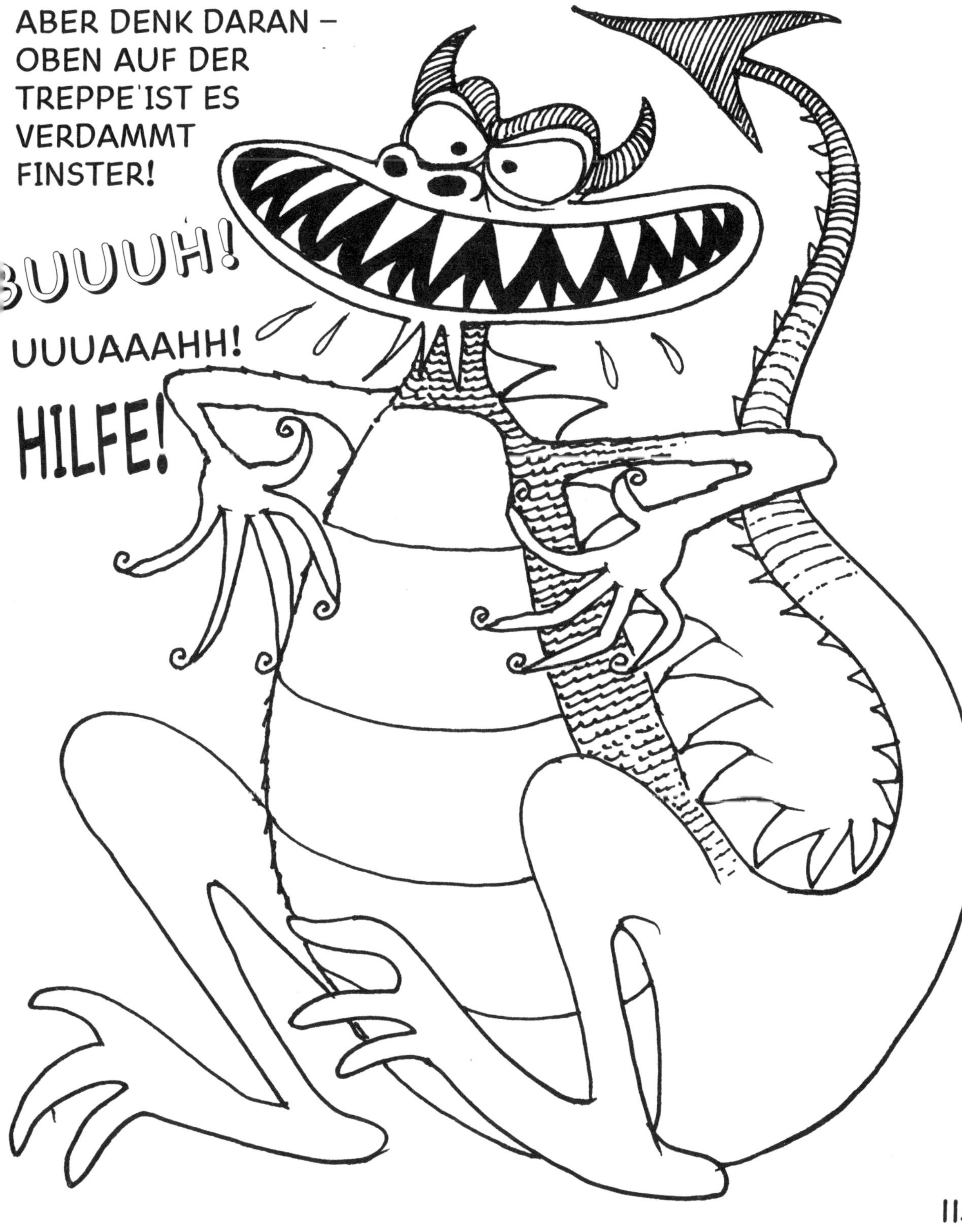
ABER DENK DARAN – OBEN AUF DER TREPPE IST ES VERDAMMT FINSTER!
BUUUH!
UUUAAAHH!
HILFE!

LOS DOCH – DENK DIR NOCH MEHR WITZE AUS!

MIT DEM BLEISTIFT ZEICHNEST
DU SO EINEN KASTEN.

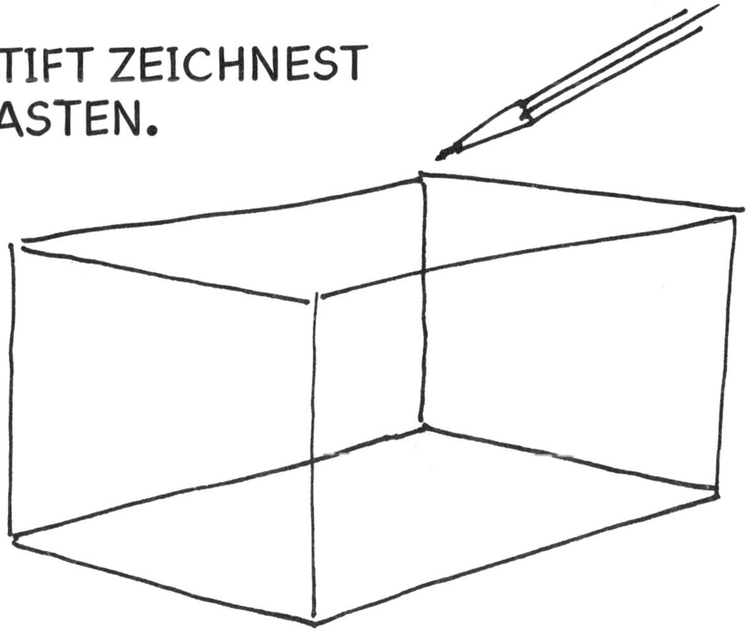

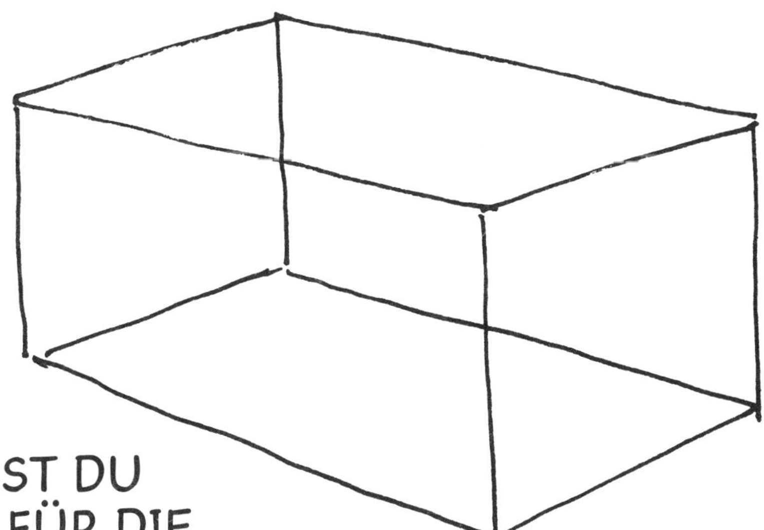

SO BEKOMMST DU
EIN GEFÜHL FÜR DIE
RICHTIGE PERSPEKTIVE.

DANN ZEICHNE DEIN CARTOON-AUTO IN DEN KASTEN...

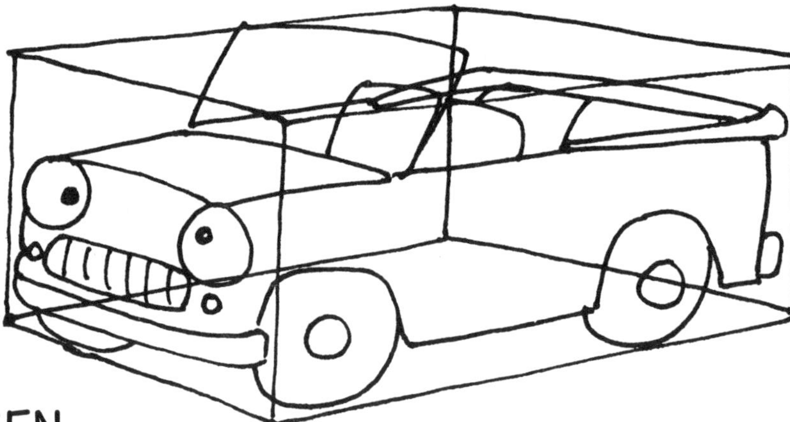

DAZU AUGEN –

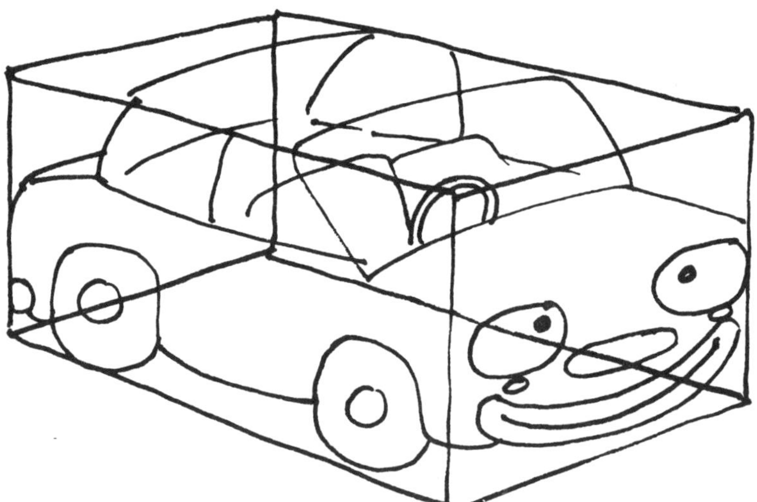

UND EINEN MUND...

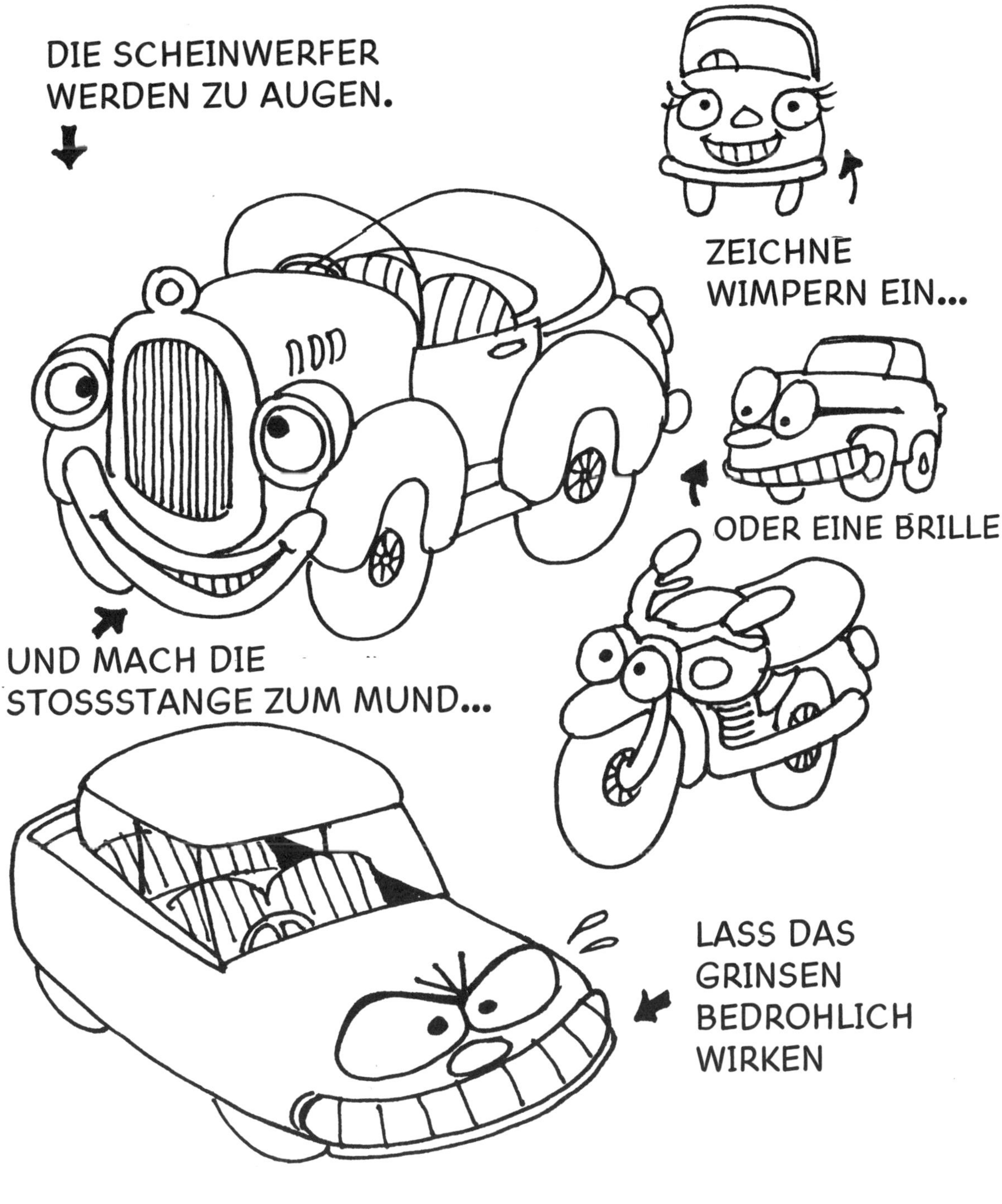
DIE SCHEINWERFER
WERDEN ZU AUGEN.
ZEICHNE
WIMPERN EIN...
ODER EINE BRILLE
UND MACH DIE
STOSSSTANGE ZUM MUND...
LASS DAS
GRINSEN
BEDROHLICH
WIRKEN

MACH EIN PAAR BLEISTIFT-SKIZZEN

UND VERWANDELE SIE MIT DEM FILZSTIFT IN EIN FLUGZEUG – MIT AUEN UND EINEM MUND, ZEICHNE VERSCHIEDENE AUSDRÜCKE...

FLUGZEUGE IM COMIC

WENN ES EIN PROPELLERFLUG-
ZEUG IST, ZEICHNE EINEN KREIS
MIT ZWEI SCHNÖRKELN

... UND DASSELBE
MACHST DU, WENN ES
EIN HUBSCHRAUBER
WERDEN SOLL.

DAS SIND JIMBO & GLORIA GATWICK –

LINIEN DRÜCKEN
BEWEGUNG UND
TEMPO AUS.

SIEHST DU,
DASS ICH
GLORIA
ANSTELLE
DER RÄDER
SCHUHE
GEGEBEN
HABE...

... UND EINE
ROSA SCHLEIFE...

BÄUME ZEICHNEN

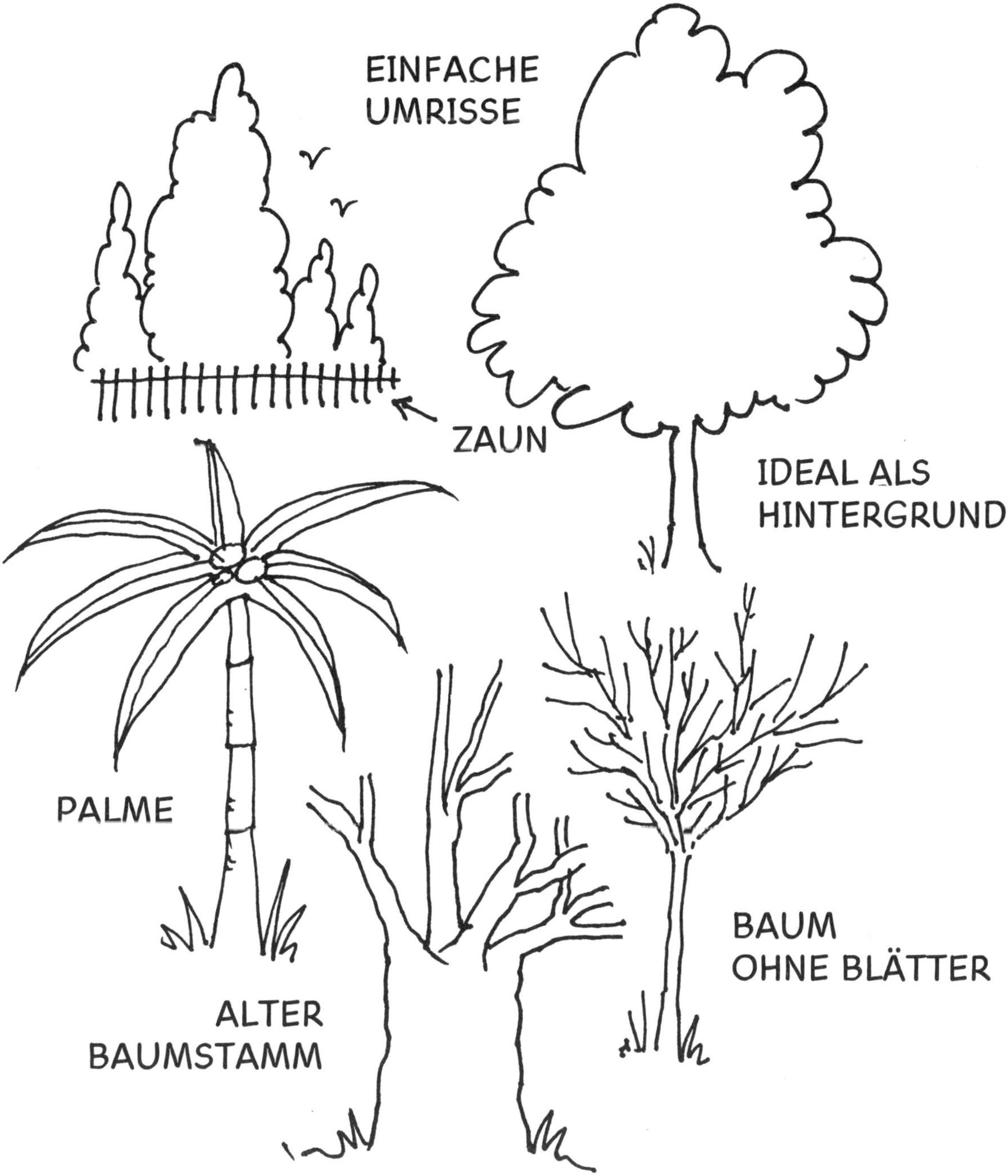

NOCH MEHR BÄUME

EIN
BISSCHEN
DETAILLIERTER

BÄUME SIND OPTIMAL, UM
EINE SZENE ZU GESTALTEN

EINFACHES MAUERWERK

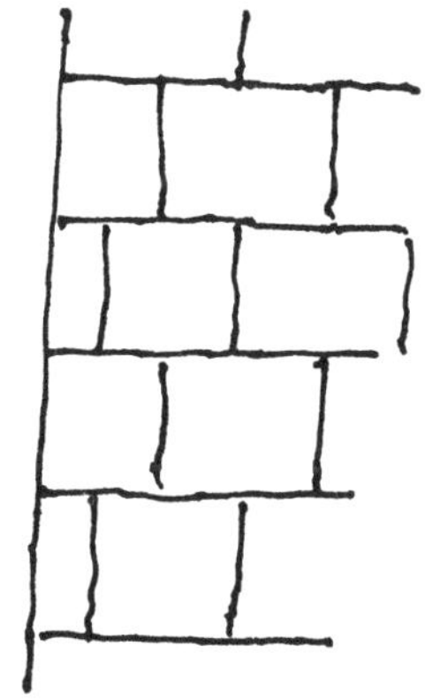

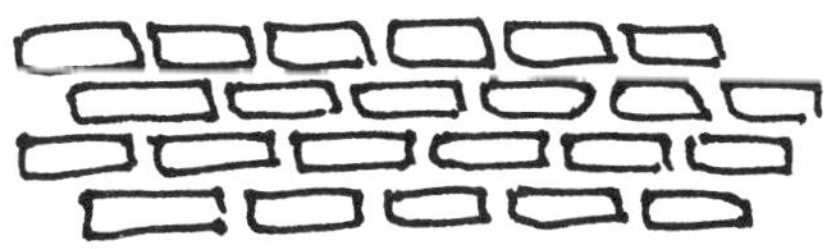

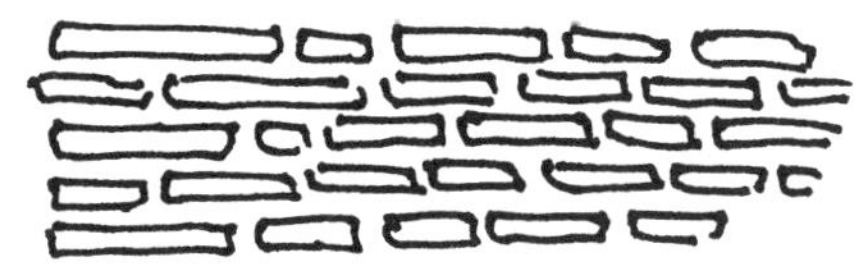

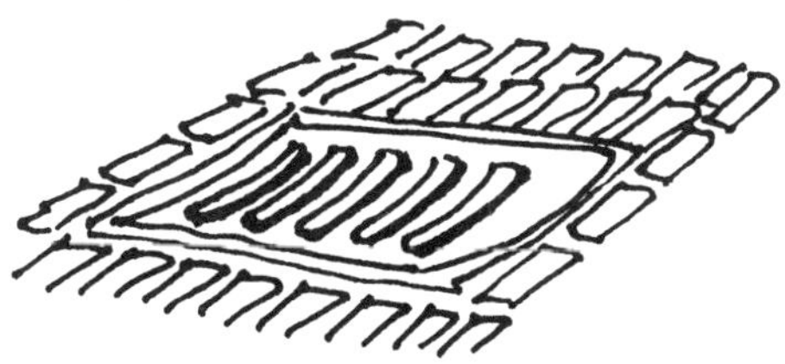

ODER DÄCHER –

ZEICHNE ALLES KLAR UND EINFACH.

DAS MEER ZEICHNEN –
(VERGISS DIE MÖWEN NICHT)